复变函数论

陈省江　邱淦俤　主编

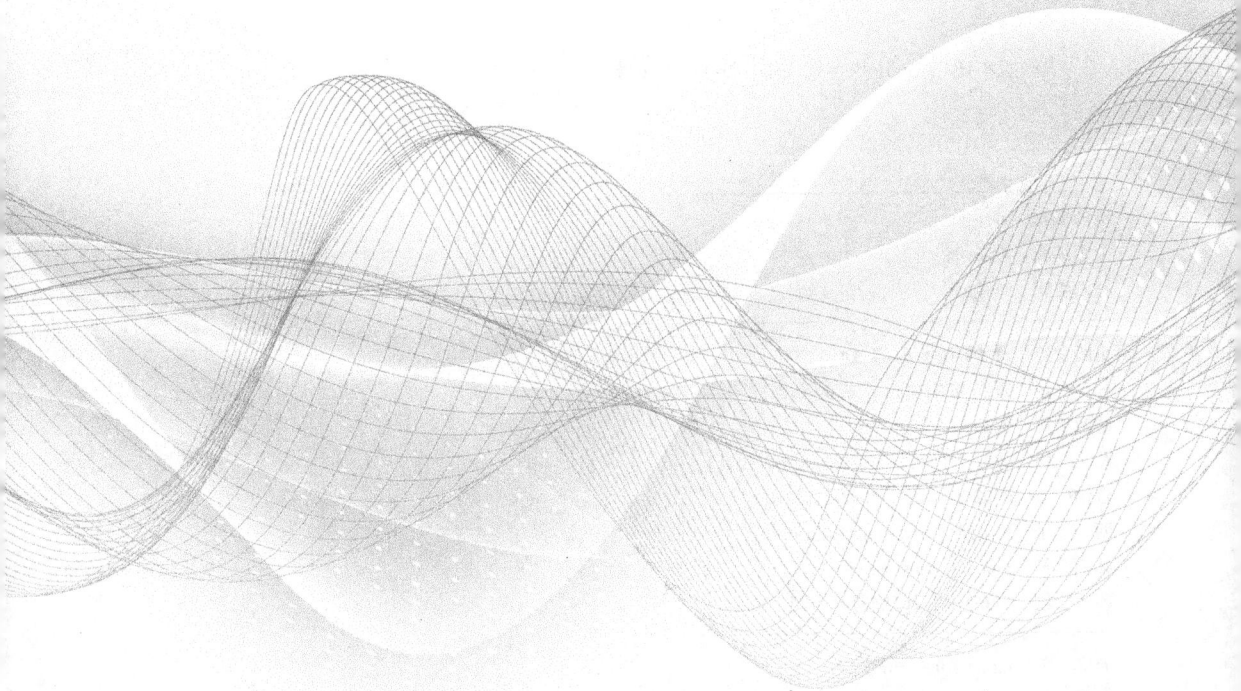

厦门大学出版社
XIAMEN UNIVERSITY PRESS
国家一级出版社
全国百佳图书出版单位

图书在版编目（CIP）数据

复变函数论 / 陈省江，邱淦俤主编. -- 厦门：厦门大学出版社，2022.12（2024.1 重印）
ISBN 978-7-5615-8807-9

Ⅰ．①复… Ⅱ．①陈… ②邱… Ⅲ．①复变函数-高等学校-教材 Ⅳ．①O174.5

中国版本图书馆CIP数据核字(2022)第188726号

责任编辑　郑　丹
美术编辑　李嘉彬
技术编辑　许克华

出版发行　厦门大学出版社
社　　址　厦门市软件园二期望海路39号
邮政编码　361008
总　　机　0592-2181111　0592-2181406(传真)
营销中心　0592-2184458　0592-2181365
网　　址　http://www.xmupress.com
邮　　箱　xmup@xmupress.com
印　　刷　广东虎彩云印刷有限公司

开本　720 mm×1 000 mm　1/16
印张　7.25
字数　160 千字
版次　2022 年 12 月第 1 版
印次　2024 年 1 月第 2 次印刷
定价　36.00 元

厦门大学出版社
微信二维码

厦门大学出版社
微博二维码

前　言

党的二十大报告提出"实施科教兴国战略,强化现代化建设人才支撑"重要指示,同时强调坚持为党育人、为国育才,全面提高人才自主培养质量,为高等教育指出明确的人才培养方向与目标。教材是贯彻落实党的教育方针的重要载体,也是实现人才培养目标的重要途径,在高等教育中发挥了举足轻重的作用。本书立足数学知识的科学性、严谨性和系统性,同时强调培养学生的数学思维和科学精神,以期提高人才自主培养质量.

复数的产生与发展经历了漫长而又艰难的岁月.1545 年,意大利卡尔丹在解三次方程时,首先产生了负数开平方的思想,他把 40 看作 $5+\sqrt{-15}$ 和 $5-\sqrt{-15}$ 的乘积.但数的这种纯形式表示在历史上长期难以被人们所接受,"虚数"一词就恰好反映了这一点.直到 18 世纪,欧拉、达朗贝尔等人逐步阐明了复数的几何意义与物理意义,复数才被人们广泛接受与理解,其中虚数单位"i"是欧拉在这个时期引进的并使用至今.

19 世纪期间柯西、魏尔斯特拉斯和黎曼三人的开创性工作奠定了复变函数论的理论基础.20 世纪以来,复变函数论不仅被广泛地应用于自然科学和工程技术的各个领域,而且与数学中的其他分支的联系也日益密切,促使多复变函数论、复变函数逼近论、黎曼曲面、单叶解析函数论、广义解析函数论和拟共形映射等新的数学分支出现.

本书以解析函数为主线展开,全书共分 8 章,第 1 章介绍解析函数所需的预备知识,即复数与复变函数;第 2 章介绍解析函数的概念和特征,包括解析与可微的关系、解析的必要条件与充分条件;第 3 章介绍解析函数的积分学(复积分),突出柯西积分定理和柯西积分公式这两个在复变函数论占有极为重要地位的相关结果;第 4 章介绍解析函数的幂级数理论,突显解析函数的特有性质;第 5 章介绍解析函数的洛朗展式,包括解析函数的孤立奇点的相关性质;第 6 章介绍解析函数的留数理论,包括留数定理在积分计算的应用以及辐角原理与儒歇定理;第 7 章介绍解析函数的映射性质,包括分式线性变换的性质与应用;第 8 章介绍解析函数的延拓(解析延拓),包括幂级数解析延拓法和透弧解析延拓法.

　　本书是在邱淦俤教授编著的《复变函数教程》的基础上编写的,在此致以诚挚的谢意! 同时,衷心感谢厦门大学出版社的大力支持.

　　鉴于作者的水平有限,错误和缺点在所难免,期盼读者不吝赐教.

编　者
2022 年 12 月

目　　录

第1章　复数与复变函数

在数学分析课程中,我们所研究的函数主要指自变量为实数、取值为实数的实变函数.本书要进一步研究自变量为复数、取值为复数的复变函数.本章首先介绍复数的基本知识,然后介绍复变函数的概念及其极限与连续的定义.

1.1　复数

1.1.1　复数及其代数运算

称 $z=x+iy$ 或 $z=x+yi$ 为**复数**,其中 x,y 为实数,i 为虚数单位(也记为 i$=\sqrt{-1}$),满足 $i^2=-1$,并分别称 x,y 为复数 z 的**实部**、**虚部**,记为 $x=\mathrm{Re}z,y=\mathrm{Im}z$.

两个复数 $z_1=x_1+iy_1$ 与 $z_2=x_2+iy_2$ 相等,当且仅当它们的实部和虚部分别对应相等,即 $x_1=x_2$ 且 $y_1=y_2$.虚部为零的复数可看作实数,因此,全体实数是全体复数的一部分.

实部为零但虚部不为零的复数称为**纯虚数**;称复数 $x-iy$ 为复数 $z=x+iy$ 的**共轭复数**,记为 $\bar{z}$,并说 z 与 $\bar{z}$ **互为共轭复数**.

设复数 $z_1=x_1+iy_1,z_2=x_2+iy_2$,规定复数的四则运算为

$$z_1\pm z_2=(x_1\pm x_2)\pm i(y_1\pm y_2),$$
$$z_1z_2=(x_1x_2-y_1y_2)+i(x_1y_2+x_2y_1),$$
$$\frac{z_1}{z_2}=\frac{x_1x_2+y_1y_2}{x_2^2+y_2^2}+i\frac{x_2y_1-x_1y_2}{x_2^2+y_2^2}\ (z_2\neq 0).$$

容易验证复数的四则运算满足与实数的四则运算相应的运算规律.此外,共轭运算还满足

$$\bar{\bar{z}}=z,\ \overline{z_1\pm z_2}=\bar{z}_1\pm\bar{z}_2,\ \overline{z_1z_2}=\bar{z}_1\cdot\bar{z}_2,\ \overline{\left(\frac{z_1}{z_2}\right)}=\frac{\bar{z}_1}{\bar{z}_2}.$$

全体复数在引进上述四则运算后称为**复数域**.特别提出,在复数域中,复数是不能比较大小的.

1.1.2　复平面与扩充复平面

从上述复数的定义中可以看出,一个复数 $z=x+iy$ 实际上由一对有序实数 (x,y) 唯一确定.因此,如果把平面上的点 (x,y) 与复数 $z=x+iy$ 对应,就建立了

平面上全部的点和全体复数间的一一对应关系.

由于 x 轴上的点和 y 轴上非原点的点分别对应着实数和纯虚数,因而通常称 x 轴为实轴,称 y 轴为虚轴,称表示复数 z 的平面为**复平面**或 z 平面,有时记为 $\mathbb{C}$.

引进复平面后,我们在"数"与"点"之间建立了一一对应关系.为了方便起见,今后就不再区分"数"和"点"及"数集"和"点集".

若在复平面引入无穷远点 ∞,并规定:

(1) $\infty\pm\infty$、$0\cdot\infty$、$\dfrac{\infty}{\infty}$、$\dfrac{0}{0}$ 均无意义;

(2) 当 $a\neq\infty$ 时,$\dfrac{\infty}{a}=\infty,\dfrac{a}{\infty}=0,\infty\pm a=a\pm\infty=\infty$;

(3) 当 $b\neq0$ 时,$\dfrac{b}{0}=\infty,\infty\cdot b=b\cdot\infty=\infty$,

则称引入无穷远点的复平面为**扩充复平面**,记为 $\hat{\mathbb{C}}=\mathbb{C}\cup\{\infty\}$.关于扩充复平面的详细介绍可参考其他相关书籍,如钟玉泉编写的《复变函数论》.

1.1.3 复数的模与辐角

由图 1-1 看出,复数 $z=x+\mathrm{i}y$ 与从原点到点 z 所引的向量 $\overrightarrow{Oz}$ 也构成一一对应关系(复数 0 对应零向量).因此,我们定义:向量 $\overrightarrow{Oz}$ 的长度称为复数 z 的模,记为 $|z|$;实轴正向到非零向量 $\overrightarrow{Oz}$ 的有向角 θ 称为复数 z 的**辐角**,记为 $\theta=\mathrm{Arg}\,z$.特别指出,当 $z=0$ 时,辐角无意义.

由于任一非零复数 z 均有无穷多个辐角,今以 $\arg z$ 表示其中的一个特定值.一般地,称满足条件 $-\pi<\arg z\leqslant\pi$ 的这个特定值为 $\mathrm{Arg}\,z$ 的主值或 z 的**主辐角**.于是有关系

$$\theta=\mathrm{Arg}\,z=\arg z+2k\pi\ (k=0,\pm1,\pm2,\cdots).$$

容易看出,复数 $z=x+\mathrm{i}y$ 的模及其主辐角有下列计算公式

$$r=|z|=\sqrt{x^2+y^2}\geqslant0,\arg z=\begin{cases}\arctan\dfrac{y}{x}, & x>0,y\in\mathbb{R};\\[2mm]\arctan\dfrac{y}{x}+\pi, & x<0,y\geqslant0;\\[2mm]\arctan\dfrac{y}{x}-\pi, & x<0,y<0;\\[2mm]\dfrac{\pi}{2}, & x=0,y>0;\\[2mm]-\dfrac{\pi}{2}, & x=0,y<0.\end{cases}$$

对于任意复数 $z=x+\mathrm{i}y$,其模有下述基本性质.

$$|z|^2=z\bar{z},|x|\leqslant|z|,|y|\leqslant|z|,|z|\leqslant|x|+|y|.\tag{1.1.1}$$

另外,根据向量的运算及几何知识,由图 1-2 和图 1-3,可以得到两个重要的不等式:

$$|z_1 \pm z_2| \leqslant |z_1| + |z_2| \quad (\text{三角形两边之和大于第三边}) \quad (1.1.2)$$

及

$$||z_1| - |z_2|| \leqslant |z_1 \pm z_2| \quad (\text{三角形两边之差小于第三边}). \quad (1.1.3)$$

式(1.1.2)与(1.1.3)中的等号成立的几何意义是:复数 z_1,z_2 所表示的两个向量共线且同向.

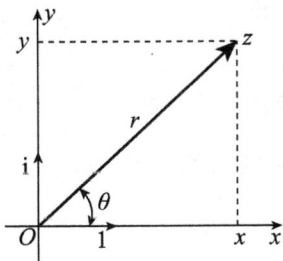

图 1-1

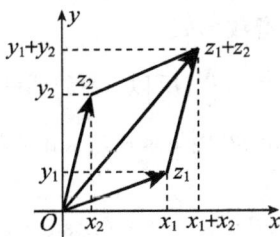

图 1-2

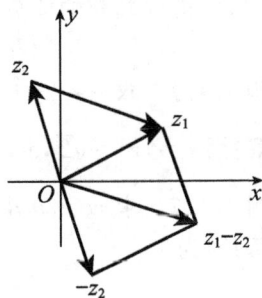

图 1-3

用数学归纳法容易将三角不等式 $|z_1 + z_2| \leqslant |z_1| + |z_2|$ 推广为

$$|z_1 + z_2 + \cdots + z_n| \leqslant |z_1| + |z_2| + \cdots + |z_n|.$$

其次,利用直角坐标与极坐标的关系,还可用复数的模与辐角来表示非零复数 z,即

$$z = r(\cos \theta + i\sin \theta). \quad (1.1.4)$$

再根据欧拉(Euler)公式 $e^{i\theta} = \cos \theta + i\sin \theta$,则式(1.1.4)可化为

$$z = r e^{i\theta}. \quad (1.1.5)$$

我们分别称式(1.1.4)与式(1.1.5)为非零复数 z 的**三角形式**与**指数形式**,并称 $z = x + iy$ 为复数 z 的**代数形式**.

由式(1.1.5)可推得复数乘除的另一种表达方式:

$$z_1 z_2 = r_1 e^{i\theta_1} r_2 e^{i\theta_2} = r_1 r_2 e^{i(\theta_1 + \theta_2)}, \quad \frac{z_1}{z_2} = \frac{r_1 e^{i\theta_1}}{r_2 e^{i\theta_2}} = \frac{r_1}{r_2} e^{i(\theta_1 - \theta_2)}. \quad (1.1.6)$$

由此可见,复数的模与辐角还有下列性质:

$$|z_1 z_2| = |z_1| |z_2|, \quad \left|\frac{z_1}{z_2}\right| = \frac{|z_1|}{|z_2|} \quad (z_2 \neq 0), \quad (1.1.7)$$

$$\begin{cases} \text{Arg } z_1 z_2 = \text{Arg } z_1 + \text{Arg } z_2, \\ \text{Arg } \left(\dfrac{z_1}{z_2}\right) = \text{Arg } z_1 - \text{Arg } z_2. \end{cases} \quad (1.1.8)$$

式(1.1.7)与式(1.1.8)说明:两个复数 z_1,z_2 的乘积(或商),其模等于这两个复数模的乘积(或商),其辐角等于这两个复数辐角的和(或差).但需要指出的是,若把公式(1.1.8)中的 Arg z 换成 arg z(某个特定值),则其两端允许相差 2π 的整数倍,即有

$$\begin{cases} \arg(z_1 z_2) = \arg z_1 + \arg z_2 + 2k_1\pi, \\ \arg\left(\dfrac{z_1}{z_2}\right) = \arg z_1 - \arg z_2 + 2k_2\pi. \end{cases}$$

当 $|z_2|=1$ 时,由式(1.1.6)知 $z_1 z_2 = r_1 \mathrm{e}^{\mathrm{i}(\theta_1+\theta_2)}$,这表明用单位复数(模为 1 的复数)乘任何数,几何上相当于将此数所对应的向量旋转一个角度 θ_2.

式(1.1.6)可推广到有限个复数的情况.特别地,当 $z_1 = z_2 = \cdots = z_n$ 时,有

$$z^n = (r\mathrm{e}^{\mathrm{i}\theta})^n = r^n \mathrm{e}^{\mathrm{i}n\theta} = r^n(\cos n\theta + \mathrm{i}\sin n\theta).$$

取 $r=1$,就得到熟知的棣莫弗(De Moivre)公式

$$(\cos\theta + \mathrm{i}\sin\theta)^n = \cos n\theta + \mathrm{i}\sin n\theta.$$

例 1.1.1 求 $z=1-\mathrm{i}$ 的指数形式.

解: 因 $r=|z|=\sqrt{2}$,$\arg z = -\dfrac{\pi}{4}$,所以 $z=1-\mathrm{i}=\sqrt{2}\,\mathrm{e}^{-\frac{\pi}{4}\mathrm{i}}$.

例 1.1.2 求 $\cos 3\theta$ 及 $\sin 3\theta$ 用 $\cos\theta$ 与 $\sin\theta$ 表示的式子.

解: 因为

$$\cos 3\theta + \mathrm{i}\sin 3\theta = (\cos\theta + \mathrm{i}\sin\theta)^3$$
$$= \cos^3\theta + 3\mathrm{i}\cos^2\theta\sin\theta - 3\cos\theta\sin^2\theta - \mathrm{i}\sin^3\theta,$$

所以比较两边的实部与虚部可得

$$\cos 3\theta = \cos^3\theta - 3\cos\theta\sin^2\theta = 4\cos^3\theta - 3\cos\theta,$$
$$\sin 3\theta = 3\cos^2\theta\sin\theta - \sin^3\theta = 3\sin\theta - 4\sin^3\theta.$$

1.2 复平面上的点集

1.2.1 几个基本概念

定义 1.2.1 满足不等式 $|z-z_0|<\delta$ 的所有点 z 组成的平面点集(以下简称点集)称为点 z_0 的 δ-邻域,记为 $\Delta(z_0,\delta)$.

显然,$\Delta(z_0,\delta)$ 表示以 z_0 为圆心,以 δ 为半径的圆的内部.当我们说"点 z_0 的某邻域"时,通常指存在某个 $\Delta(z_0,\delta)(\delta>0)$,但不必明确指出 δ 多大.

定义 1.2.2 设 D 为平面上的一个点集,若存在点 z_0 的某邻域包含于 D,则称点 z_0 为 D 的内点;若存在点 z_0 的某邻域与 D 的交为空集,则称点 z_0 为 D 的外点;若点 z_0 的任意邻域内既有属于 D 的点又有不属于 D 的点,则称点 z_0 为 D 的边界点;若点 z_0 的任意邻域内都有 D 的无穷多个点,则称 z_0 为 D 的聚点;若点 z_0 属于 D 但不是 D 的聚点,则称 z_0 为 D 的孤立点.

定义 1.2.3 若点集 D 的每个点都是 D 的内点,则称 D 为开集;若 D 的每个聚点都属于 D,则称 D 为闭集.D 的所有边界点做成的集合称为 D 的边界,记为 ∂D.

定义 1.2.4 若 $\exists M>0$,$\forall z \in D$,均有 $|z| \leqslant M$,则称 D 为有界集,否则称 D 为无界集.

1.2.2 区域与若尔当曲线

定义 1.2.5 若非空点集 D 满足下列两个条件：

(1) D 为开集；

(2) D 中任意两点均可用全在 D 中的折线连接起来,

则称 D 为**区域**.

由此可见,区域 D 没有孤立点,其边界点不是 D 的内点但都是 D 的聚点.进一步,若区域 D 是有界集(无界集),则称区域 D 为有界区域(无界区域).

定义 1.2.6 区域 D 并上它的边界 $C=\partial D$ 称为闭区域,记为 $\overline{D}=D+C$.

下面介绍几个常见的(闭)区域.

例 1.2.1 z 平面上以点 z_0 为圆心,R 为半径的圆周的内部(有时称为圆域或圆盘)可表示为 $|z-z_0|<R$.

例 1.2.2 z 平面上以点 z_0 为圆心,R 为半径的圆周及其内部(即闭圆域或闭圆盘)可表示为 $|z-z_0|\leqslant R$.

例 1.2.1 与例 1.2.2 中的(闭)区域都以圆周 $|z-z_0|=R$ 为边界,且均为有界区域.

例 1.2.3 上半平面可表示为 $\mathrm{Im}z>0$,下半平面可表示为 $\mathrm{Im}z<0$.它们均为无界区域,且都以实轴 $\mathrm{Im}z=0$ 为边界.右半平面可表示为 $\mathrm{Re}z>0$,左半平面可表示为 $\mathrm{Re}z<0$.它们都以虚轴 $\mathrm{Re}z=0$ 为边界,且均为无界区域.

例 1.2.4 图 1-4 所示的带状区域可表示为 $y_1<\mathrm{Im}z<y_2$,其边界为 $y=y_1$ 与 $y=y_2$,亦为无界区域.

例 1.2.5 图 1-5 所示的圆环区域可表示为 $r<|z|<R$,其边界为 $|z|=r$ 与 $|z|=R$,为有界区域.

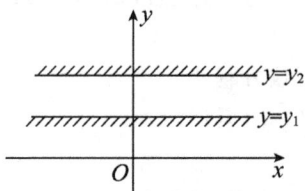

图 1-4

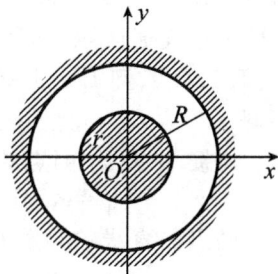

图 1-5

定义 1.2.7 设 $x(t)$ 及 $y(t)$ 是两个关于实数 t 在闭区间 $[\alpha,\beta]$ 上的连续实函数,则方程

$$z=z(t)=x(t)+\mathrm{i}y(t) \quad (\alpha\leqslant t\leqslant\beta) \tag{1.2.1}$$

所确定的点集 C 称为 z 平面上的一条连续曲线,式(1.2.1)称为 C 的参数方程,分

别称 $z(\alpha)$ 和 $z(\beta)$ 为 C 的起点和终点. 若存在 $t_1 \in (\alpha, \beta)$，$t_2 \in [\alpha, \beta]$ 使得 $t_1 \neq t_2$ 但 $z(t_1) = z(t_2)$，则称 C 有重点. 无重点的连续曲线，称为**简单曲线(若尔当曲线)**. 满足 $z(\alpha) = z(\beta)$ 的简单曲线称为**简单闭曲线**. 若在 $\alpha \leqslant t \leqslant \beta$ 上 $x'(t)$ 及 $y'(t)$ 连续且不同时为零，则称 C 为**光滑曲线**.

定义 1.2.8 由有限条光滑曲线连接而成的连续曲线称为**逐段光滑曲线**.

下面是若尔当(Jordan)定理，看起来很直观，严格证明却很复杂.

定理 1.2.1(若尔当定理) 任一简单闭曲线 C 将 z 平面唯一地分为 C，$I(C)$，$E(C)$ 三个点集(图 1-6)，它们具有如下性质：

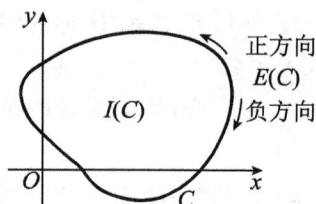

图 1-6

(1) 彼此不交；

(2) $I(C)$ 与 $E(C)$ 一个为有界区域(称为 C 的内部)，另一个为无界区域(称为 C 的外部)；

(3) 若简单折线 P 的一个端点属于 $I(C)$，另一个端点属于 $E(C)$，则 P 与 C 必有交点.

对于简单闭曲线的方向，通常规定：若观察者沿 C 绕行一周，C 的内部(外部)始终在 C 的左方，则称此绕行方向为 C 的**正方向(负方向)**. 直观上，简单闭曲线 C 的正方向是逆时针方向，负方向是顺时针方向.

定义 1.2.9 设 D 为复平面上的区域，若 D 内任意一条简单闭曲线的内部全含于 D，则称 D 为单连通区域；不是单连通的区域称为多连通区域.

例 1.2.1、例 1.2.3、例 1.2.4 所示的区域均为单连通区域，例 1.2.5 所示的区域为多连通区域.

例 1.2.6 连接 z_1 及 z_2 两点的线段的参数方程为
$$z = z_1 + t(z_2 - z_1) \quad (0 \leqslant t \leqslant 1).$$
过 z_1 及 z_2 两点的直线的参数方程为
$$z = z_1 + t(z_2 - z_1) \quad (-\infty \leqslant t \leqslant +\infty).$$

1.3 复变函数

1.3.1 复变函数的概念

定义 1.3.1 设 E 为一复数集，若存在一个对应法则 f，使得 E 内每一复数 z

均有确定的复数 w 与之对应,则称复数 w 是复数 z 的函数(简称**复变函数**),记作 $w=f(z)$,并称 E 为函数 $w=f(z)$ 的定义域,w 值的全体组成的集合称为函数 $w=f(z)$ 的值域,记作 $f(E)$.如果每一个 z 有唯一的 w 与之对应,则称函数 $w=f(z)$ 是**单值函数**;如果每一个 z 有两个或两个以上的 w 与之对应,则称函数 $w=f(z)$ 是**多值函数**.

例如 $w=|z|$,$w=\bar{z}$ 及 $w=\dfrac{z+1}{z-1}(z\neq1)$ 均为单值函数,而 $w=\mathrm{Arg}\,z(z\neq0)$ 是多值函数.今后如无特别说明,所提到的函数均为单值函数.

设 $w=f(z)$ 是定义在点集 E 上的函数,若令 $z=x+\mathrm{i}y$,$w=u+\mathrm{i}v$,则 u,v 均随着 x,y 而确定,即 u,v 均为 x,y 的二元实函数,因此我们常把 $w=f(z)$ 写成

$$f(z)=u(x,y)+\mathrm{i}v(x,y).$$

若令 $z=r\mathrm{e}^{\mathrm{i}\theta}$,则 $w=f(z)$ 又可表示为

$$w=P(r,\theta)+\mathrm{i}Q(r,\theta),$$

其中 $P(r,\theta)$,$Q(r,\theta)$ 均为 r,θ 的二元实函数.

由于在复平面上我们不再区分点和数,故可以把复变函数理解为复平面 z 上的点集和复平面 w 上的点集之间的一个对应关系(映射或变换).今后我们也不再区分函数、映射和变换.

1.3.2　复变函数的极限和连续性

定义 1.3.2　设 $w=f(z)$ 于点集 E 上有定义,z_0 为 E 的聚点,若存在一复数 w_0,使得对任意给定 $\varepsilon>0$,都存在 $\delta>0$,使得当 $z\in E$ 且 $0<|z-z_0|<\delta$ 时有 $|f(z)-w_0|<\varepsilon$,则称 $f(z)$ 沿 E 于 z_0 有极限 w_0,记为 $\lim\limits_{\substack{z\to z_0\\z\in E}}f(z)=w_0$,简记为 $\lim\limits_{z\to z_0}f(z)=w_0$.

在定义 1.3.2 中,极限过程 $(z\to z_0)$ 的方式或路径是任意的.因此,若存在 z 趋于 z_0 的某条路径 C 使得极限 $\lim\limits_{\substack{z\to z_0\\z\in C}}f(z)$ 不存在,则极限 $\lim\limits_{z\to z_0}f(z)$ 不存在;又若存在 z 趋于 z_0 的两条路径 C_1 与 C_2 使得 $\lim\limits_{\substack{z\to z_0\\z\in C_1}}f(z)$ 与 $\lim\limits_{\substack{z\to z_0\\z\in C_2}}f(z)$ 存在但不相等,则也说明了极限 $\lim\limits_{z\to z_0}f(z)$ 不存在.

类似于数学分析中的极限性质,容易验证复变函数的极限具有以下性质:

(1) 若极限存在,则极限是唯一的.

(2) $\lim\limits_{z\to z_0}f(z)$ 与 $\lim\limits_{z\to z_0}g(z)$ 都存在,则有

$$\lim_{z\to z_0}[f(z)\pm g(z)]=\lim_{z\to z_0}f(z)\pm\lim_{z\to z_0}g(z),$$
$$\lim_{z\to z_0}f(z)g(z)=\lim_{z\to z_0}f(z)\cdot\lim_{z\to z_0}g(z),$$

$$\lim_{z \to z_0} \frac{f(z)}{g(z)} = \frac{\lim\limits_{z \to z_0} f(z)}{\lim\limits_{z \to z_0} g(z)} \quad (\lim_{z \to z_0} g(z) \neq 0).$$

对于复变函数的极限与其实部和虚部的极限的关系问题,我们有下述定理:

定理 1.3.1 设函数 $f(z) = u(x,y) + iv(x,y)$ 在点集 E 上有定义,$z_0 = x_0 + iy_0$ 为 E 的聚点,则 $\lim\limits_{z \to z_0} f(z) = w_0 = a + ib$ 的充要条件是

$$\lim_{(x,y) \to (x_0,y_0)} u(x,y) = a \ \text{及} \ \lim_{(x,y) \to (x_0,y_0)} v(x,y) = b.$$

证明: 由

$$f(z) - w_0 = [u(x,y) - a] + i[v(x,y) - b],$$

以及不等式

$$|u(x,y) - a| \leqslant |f(z) - w_0|, \ |v(x,y) - b| \leqslant |f(z) - w_0|$$

与

$$|f(z) - w_0| \leqslant |u(x,y) - a| + |v(x,y) - b|,$$

易证定理成立.

定义 1.3.3 设 $w = f(z)$ 在点集 E 上有定义,z_0 为 E 的聚点,且 $z_0 \in E$,若

$$\lim_{z \to z_0} f(z) = f(z_0),$$

则称 $f(z)$ 沿 E 在 z_0 处连续. 如果 $f(z)$ 在点集 E 内的每个聚点都连续,我们就称 $f(z)$ 在 E 上连续.

由于区域 D 的每一点都是内点,故 $f(z)$ 沿 D 在 z_0 处连续就意味着:$\forall \varepsilon > 0$,$\exists \delta > 0$,当 $|z - z_0| < \delta$ 时,有 $|f(z) - f(z_0)| < \varepsilon$. 此时,一般就称 $f(z)$ 在 z_0 处连续. 又若 E 为闭区域 $\overline{D}$,则在考虑其边界上的点 z_0 的连续性时,$z \to z_0$ 只能沿 $\overline{D}$ 的点 z 来取.

与数学分析中的连续函数的性质相似,复变函数的连续性有如下性质:

(1) 若 $f(z)$,$g(z)$ 沿 E 在点 z_0 处连续,则其和、差、积、商(在商的情形下,要求分母在 z_0 处不为零)沿点集 E 在 z_0 处也连续;

(2) 若函数 $\eta = f(z)$ 沿 E 在 z_0 处连续,且 $f(E) \subseteq G$,函数 $w = g(\eta)$ 沿 G 在 $\eta_0 = f(z_0)$ 处连续,则复合函数 $w = g[f(z)]$ 沿 E 在 z_0 处也连续.

由复合函数的连续性知,定义 1.2.7 中的连续曲线 $z = z(t)$ 是 $[\alpha, \beta]$ 上的连续函数.

其次,类似定理 1.3.1,我们还有以下定理:

定理 1.3.2 设函数 $f(z) = u(x,y) + iv(x,y)$ 在区域 D 上有定义,$z_0 \in D$,则 $f(z)$ 在点 $z_0 = x_0 + iy_0$ 处连续的充要条件是 $u(x,y)$,$v(x,y)$ 在 (x_0, y_0) 处均连续.

事实上,类似于定理 1.3.1 的证明,只要把其中的 a 换成 $u(x_0, y_0)$,b 换成 $v(x_0, y_0)$,即可得到定理的证明.

例 1.3.1　设 $f(z)=\dfrac{1}{2\mathrm{i}}\left(\dfrac{z}{\bar z}-\dfrac{\bar z}{z}\right)(z\neq 0)$，试证 $f(z)$ 在原点无极限，从而在原点处不连续.

证明：设 $z=r(\cos\theta+\mathrm{i}\sin\theta)$，则

$$f(z)=\frac{1}{2\mathrm{i}}\left(\frac{z^2-\bar z^2}{z\bar z}\right)=\frac{1}{2\mathrm{i}}\frac{(z+\bar z)(z-\bar z)}{r^2}=\sin 2\theta.$$

因此，当 z 沿着正实轴趋于原点时，$\lim\limits_{z\to 0}f(z)=0$；当 z 沿着射线 $\theta=\dfrac{\pi}{4}$ 趋于原点时，$\lim\limits_{z\to 0}f(z)=1$. 故 $\lim\limits_{z\to 0}f(z)$ 不存在，从而在原点处不连续.

最后，与数学分析相同，在有界闭集 E 上连续的复变函数具有以下性质：

(1) $f(z)$ 在 E 上有界，即 $\exists M>0$，使得 $|f(z)|\leqslant M(z\in E)$；

(2) $|f(z)|$ 在 E 上有最大值和最小值；

(3) $f(z)$ 在 E 上一致连续，即 $\forall\varepsilon>0$，$\exists\delta>0$，使得对 E 上任意两点 z_1,z_2，只要 $|z_1-z_2|<\delta$，就有 $|f(z_1)-f(z_2)|<\varepsilon$.

习　题　一

1. 计算.

　(1) $\dfrac{1+2\mathrm{i}}{3-4\mathrm{i}}+\dfrac{2-\mathrm{i}}{5\mathrm{i}}$；　　　　　　　　　(2) $\dfrac{3+\mathrm{i}}{(1-\mathrm{i})(2-\mathrm{i})}$.

2. 求下列复数的实部、虚部、模和辐角.

　(1) $\dfrac{1-\sqrt{3}\,\mathrm{i}}{2}$；　　　(2) $\dfrac{2+\mathrm{i}}{1-\mathrm{i}}$；　　　(3) $(\sqrt{3}+\mathrm{i})^3$.

3. 设 $z_1=\dfrac{1-\mathrm{i}}{\sqrt{2}}$，$z_2=\sqrt{3}-\mathrm{i}$，试用指数形式表示 z_1z_2 及 $\dfrac{z_1}{z_2}$.

4. 证明：$|z_1+z_2|^2+|z_1-z_2|^2=2(|z_1|^2+|z_2|^2)$，并说明其几何意义.

5. 满足下列条件的点 z 所组成的点集是什么？画出其图形. 如果其图形是区域，请指出该区域是单连通还是多连通.

　(1) $|z-z_1|=|z-z_2|$（$z_1\neq z_2$ 为两个定点）；

　(2) $0<\arg(z-1)<\dfrac{\pi}{4}$ 且 $2<\mathrm{Re}\,z<3$；

　(3) $|z|>2$ 且 $|z-3|>1$；

　(4) $\left|z-\dfrac{\mathrm{i}}{2}\right|>\dfrac{1}{2}$ 且 $\left|z-\dfrac{3\mathrm{i}}{2}\right|>\dfrac{1}{2}$；

　(5) $\left|\dfrac{z-1}{z+1}\right|<1$.

6. 证明：z 平面上的直线方程可以写成 $a\bar z+\bar a z=C$，其中 a 为非零复常数，C 为实

常数.

7. 证明:复平面上三点 $a+bi$,0,$\dfrac{1}{-a+bi}$ 共线.

8. 证明:$f(z)=\bar{z}$ 在复平面上处处连续.

9. 设 $f(z)$ 在 z_0 处连续,试证 $\overline{f(z)}$ 与 $|f(z)|$ 在 z_0 处连续.

10. 设 $f(z)=\begin{cases}\dfrac{xy}{x^2+y^2}, & z\neq 0,\\ 0, & z=0,\end{cases}$ 试证 $f(z)$ 在 $z=0$ 处不连续.

11. 利用棣莫弗公式证明:
$$\cos 2\theta=\cos^2\theta-\sin^2\theta,\sin 2\theta=2\sin\theta\cos\theta.$$

12*. 试证:方程 $\left|\dfrac{z-z_1}{z-z_2}\right|=k$ $(0<k\neq 1,z_1\neq z_2)$ 表示 z 平面上一个圆周,其圆心为 z_0,半径为 ρ,且 $z_0=\dfrac{z_1-k^2 z_2}{1-k^2},\rho=\dfrac{k|z_1-z_2|}{|1-k^2|}$.

13*. 思考映射 $w=z^2$ 将 z 平面的角域 $A_1=\{z\,|\,0<\arg z<\alpha\leqslant\pi\}$ 和圆周 $|z|=r$ 分别映射为 w 平面上的什么图形.

第 2 章　解析函数

解析函数是复变函数论的主要研究对象.本章将介绍解析函数的概念、性质以及初等解析函数,其中解析函数必须满足柯西(Cauchy)-黎曼(Riemann)方程这个性质尤为重要.

2.1　解析函数的概念与柯西-黎曼方程

2.1.1　复变函数的导数

定义 2.1.1　设函数 $w=f(z)$ 在区域 D 内有定义,$z_0 \in D$,若极限

$$\lim_{\Delta z \to 0} \frac{f(z_0 + \Delta z) - f(z_0)}{\Delta z} \tag{2.1.1}$$

存在,则称此极限为函数 $f(z)$ 在点 z_0 的导数,记为 $f'(z_0)$,这时也称 $f(z)$ 在点 z_0 可导.

若 $w=f(z)$ 在点 z_0 可导,则式(2.1.1)可改写为 $\Delta w = f'(z_0)\Delta z + \varepsilon \cdot \Delta z$,其中 $\lim\limits_{\Delta z \to 0} \varepsilon = 0$.进而有 $\varepsilon \cdot \Delta z = o(\Delta z)$,这表明 $w=f(z)$ 在点 z_0 可微.反之,若有 $\Delta w = A\Delta z + o(\Delta z)$,则 $\lim\limits_{\Delta z \to 0} \frac{\Delta w}{\Delta z} = A$,这表明 $w=f(z)$ 在点 z_0 可导,且 $A = f'(z_0)$.由此可见,函数 $w=f(z)$ 在点 z_0 可导与在点 z_0 可微是等价的.

导数 $f'(z_0)$ 的其他等价记号还有

$$\frac{\mathrm{d}w}{\mathrm{d}z}\bigg|_{z=z_0}, \frac{\mathrm{d}f(z)}{\mathrm{d}z}\bigg|_{z=z_0}.$$

相应地,微分的记号为 $\mathrm{d}f(z)\big|_{z=z_0}$ 或 $\mathrm{d}w\big|_{z=z_0}$,进而有 $\mathrm{d}w\big|_{z=z_0} = f'(z_0)\mathrm{d}z$.

由于函数 $f(z)$ 在点 z 可导与可微的概念与数学分析中的可导与可微这两个概念相类似,因此数学分析中的求导基本公式,均可类似地推广到复变函数中来.同时,与数学分析中一样,若函数 $f(z)$ 在点 z 可微,则 $f(z)$ 在点 z 连续,反之不一定成立.但在数学分析中,要构造一个处处连续又处处不可微的例子是一件非常困难的事情,而在复变函数中,这样的例子几乎是随手可得.

例 2.1.1　试证 $f(z) = \bar{z}$ 在 z 平面上处处不可微.

证明:对于复平面上的任意一点 z_0,因为

$$\frac{f(z_0 + \Delta z) - f(z_0)}{\Delta z} = \frac{\overline{z_0 + \Delta z} - \overline{z_0}}{\Delta z} = \frac{\overline{z_0} + \overline{\Delta z} - \overline{z_0}}{\Delta z} = \frac{\overline{\Delta z}}{\Delta z},$$

于是,当 Δz 取实数趋于零时,上述极限为 1;而当 Δz 取纯虚数趋于零时,上述极限为 -1.因此上述极限不存在,即 $f(z)$ 在点 z_0 处不可导.由 z_0 的任意性知 $f(z)$ 在 z 平面上处处不可微.

定义 2.1.2 如果函数 $f(z)$ 在区域 D 内每一点都可微,则称 $f(z)$ 在区域 D 内可微.

例 2.1.2 试证 $f(z)=z^n$(n 为正整数)在 z 平面上可微,且 $f'(z)=nz^{n-1}$.

证明:对于复平面上的任意一点 z_0,有

$$\lim_{\Delta z \to 0}\frac{f(z_0+\Delta z)-f(z_0)}{\Delta z}=\lim_{\Delta z \to 0}\frac{(z_0+\Delta z)^n-z_0^n}{\Delta z}$$
$$=\lim_{\Delta z \to 0}[nz_0^{n-1}+C_n^2 z_0^{n-2}\cdot \Delta z+\cdots+(\Delta z)^{n-1}]=nz_0^{n-1},$$

即 $f'(z)=nz^{n-1}$.

2.1.2 解析函数及其简单性质

定义 2.1.3 若函数 $w=f(z)$ 在区域 D 内可微,则称 $f(z)$ 为区域 D 内的解析函数(或全纯函数、正则函数).此时也说 $f(z)$ 在区域 D 内解析.又若函数 $w=f(z)$ 在点 z_0 的某邻域内可微,则称 $f(z)$ 在点 z_0 解析.

由此可知,函数 $f(z)$ 在区域 D 内解析等价于在区域 D 内可微.但 $f(z)$ 在点 z_0 解析不等价于在点 z_0 可微.事实上,函数 $f(z)$ 在点 z_0 解析可以推出 $f(z)$ 在点 z_0 可微,而且在点 z_0 的某邻域内可微.但是,函数 $f(z)$ 在点 z_0 可微不一定推出 $f(z)$ 在点 z_0 解析.

另外,当我们说 $f(z)$ 在闭域 $\overline{D}$ 上解析时,表示 $f(z)$ 在包含 $\overline{D}$ 的某个区域内解析;当 $f(z)$ 在点 z_0 不解析时,我们称 z_0 为 $f(z)$ 的一个奇点.

与数学分析中的可导性质一样,解析函数也有如下基本性质:

(1)若 $f_1(z)$,$f_2(z)$ 在区域 D 内解析,则其和、差、积、商(在商的情形下,要求分母在 D 内不为零)也在 D 内解析,且

$$[f_1(z)\pm f_2(z)]'=f_1'(z)\pm f_2'(z),$$
$$[f_1(z)\cdot f_2(z)]'=f_1'(z)f_2(z)+f_1(z)f_2'(z),$$
$$\left[\frac{f_1(z)}{f_2(z)}\right]'=\frac{f_1'(z)f_2(z)-f_1(z)f_2'(z)}{[f_2(z)]^2} \quad (f_2(z)\neq 0).$$

(2)设 $\xi=f(z)$ 在区域 D 内解析,$w=g(\xi)$ 在区域 G 内解析,若 $\forall z\in D$ 均有 $\xi=f(z)\in G$,则 $w=g[f(\xi)]$ 在 D 内解析,且

$$\frac{\mathrm{d}w}{\mathrm{d}z}=\frac{\mathrm{d}g[f(z)]}{\mathrm{d}z}=\frac{\mathrm{d}g(\xi)}{\mathrm{d}\xi}\cdot \frac{\mathrm{d}f(z)}{\mathrm{d}z}.$$

例 2.1.3 设多项式 $P(z)=a_n z^n+a_{n-1}z^{n-1}+\cdots+a_0(a_n\neq 0)$,则由例 2.1.2 及基本性质(1)知,$P(z)$ 在 z 平面上解析,且 $P'(z)=na_n z^{n-1}+(n-1)a_{n-1}z^{n-2}+\cdots+a_1$.

例 2.1.4 设 $f(z)=(4z^3+5z^2+2)^6$,则由例 2.1.2 及基本性质(2)知

$$f'(z)=6 (4z^3+5z^2+2)^5 \cdot (12z^2+10z).$$

例 2.1.5　对于参数方程 $z(t)=x(t)+\mathrm{i}y(t)$ $(t\in[\alpha,\beta])$，则可直接由定义 2.1.1 求得

$$z'(t)=x'(t)+\mathrm{i}y'(t)\quad(t\in[\alpha,\beta]).$$

2.1.3　柯西-黎曼方程

设 $w=f(z)=u(x,y)+\mathrm{i}v(x,y)$. 下面我们来探讨 $f(z)$ 与二元实函数 $u(x,y)$ 及 $v(x,y)$ 之间存在的关系.

设 $f(z)=u(x,y)+\mathrm{i}v(x,y)$ 在点 $z=x+\mathrm{i}y$ 可微，

$$\lim_{\Delta z\to 0}\frac{f(z+\Delta z)-f(z)}{\Delta z}=f'(z).\tag{2.1.2}$$

再设

$$\Delta z=\Delta x+\mathrm{i}\Delta y,f(z+\Delta z)-f(z)=\Delta u+\mathrm{i}\Delta v,$$

其中

$$\Delta u=u(x+\Delta x,y+\Delta y)-u(x,y),\Delta v=v(x+\Delta x,y+\Delta y)-v(x,y).$$

则式 (2.1.2) 可改写为

$$\lim_{(\Delta x,\Delta y)\to(0,0)}\frac{\Delta u+\mathrm{i}\Delta v}{\Delta x+\mathrm{i}\Delta y}=f'(z).\tag{2.1.3}$$

由于当 $\Delta z=\Delta x+\mathrm{i}\Delta y$ 不论按什么路径趋于零时，式 (2.1.3) 总是成立，因此我们可以先令 $\Delta y=0,\Delta x\to 0$，即点 $z+\Delta z$ 沿着平行于实轴的方向趋于点 z（图 2-1）. 此时，式 (2.1.3) 变为

$$\lim_{\Delta x\to 0}\frac{\Delta u}{\Delta x}+\mathrm{i}\lim_{\Delta x\to 0}\frac{\Delta v}{\Delta x}=f'(z).$$

这表明 $\dfrac{\partial u}{\partial x},\dfrac{\partial v}{\partial x}$ 均存在，且有

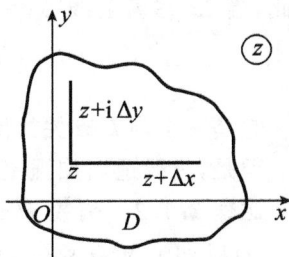

图 2-1

$$\frac{\partial u}{\partial x}+\mathrm{i}\frac{\partial v}{\partial x}=f'(z).\tag{2.1.4}$$

同理，令 $\Delta x=0,\Delta y\to 0$，即点 $z+\Delta z$ 沿着平行于虚轴的方向趋于点 z（图 2-1）. 此时，式 (2.1.3) 变为

$$-\mathrm{i}\lim_{\Delta y\to 0}\frac{\Delta u}{\Delta y}+\lim_{\Delta y\to 0}\frac{\Delta v}{\Delta y}=f'(z).$$

故 $\dfrac{\partial u}{\partial y},\dfrac{\partial v}{\partial y}$ 亦都存在，且有

$$-\mathrm{i}\frac{\partial u}{\partial y}+\frac{\partial v}{\partial y}=f'(z).\tag{2.1.5}$$

由式 (2.1.4) 与式 (2.1.5) 得

$$\frac{\partial u}{\partial x}=\frac{\partial v}{\partial y},\frac{\partial u}{\partial y}=-\frac{\partial v}{\partial x}.\tag{2.1.6}$$

称式 (2.1.6) 为**柯西-黎曼方程**或**柯西-黎曼条件**，简称为 C-R 方程或 C-R

条件.

总结上述讨论,即得

定理 2.1.1(可微的必要条件) 设函数 $f(z)=u(x,y)+\mathrm{i}v(x,y)$ 在区域 D 内有定义,且在 D 内一点 $z=x+\mathrm{i}y$ 可微,则

(1)在点 (x,y) 处偏导数 u_x,u_y,v_x,v_y 都存在;

(2)$u(x,y)$ 与 $v(x,y)$ 在点 (x,y) 满足 C-R 方程.

但定理 2.1.1 的逆定理不成立.

例 2.1.6 函数 $f(z)=\sqrt{|xy|}$ 在 $z=0$ 满足定理 2.1.1 的条件,但在 $z=0$ 不可微.

证明:因为 $u(x,y)=\sqrt{|xy|}$,$v(x,y)\equiv 0$,所以

$$u_x(0,0)=\lim_{\Delta x\to 0}\frac{u(\Delta x,0)-u(0,0)}{\Delta x}=0=v_y(0,0),$$

$$u_y(0,0)=\lim_{\Delta y\to 0}\frac{u(0,\Delta y)-u(0,0)}{\Delta y}=0=-v_x(0,0).$$

另一方面,

$$\frac{f(0+\Delta z)-f(0)}{\Delta z}=\frac{\sqrt{|\Delta x\Delta y|}}{\Delta x+\mathrm{i}\Delta y},$$

因此,当 Δz 沿着射线 $\Delta y=k\Delta x$($\Delta x>0$)随着 $\Delta x\to 0$ 时,

$$\frac{\sqrt{|\Delta x\Delta y|}}{\Delta x+\mathrm{i}\Delta y}\to\frac{\sqrt{|k|}}{1+ki}.$$

它是一个与 k 有关的值. 故 $f(z)$ 在 $z=0$ 不可微.

但是,只要适当加强定理 2.1.1 的条件,就可得到如下定理:

定理 2.1.2 函数 $f(z)=u(x,y)+\mathrm{i}v(x,y)$ 在点 $z=x+\mathrm{i}y$ 可微的充要条件是 $u(x,y)$ 与 $v(x,y)$ 在点 (x,y) 可微并且满足 C-R 方程.

证明:必要性. 由可微的定义知

$$f(z+\Delta z)-f(z)=f'(z)\Delta z+\varepsilon\cdot\Delta z,\lim_{\Delta z\to 0}\varepsilon=0.$$

设

$$\Delta z=\Delta x+\mathrm{i}\Delta y,f(z+\Delta z)-f(z)=\Delta u+\mathrm{i}\Delta v,f'(z)=a+\mathrm{i}b,$$

则简单计算推得

$$\Delta u=a\Delta x-b\Delta y+o(|\Delta z|),\Delta v=b\Delta x+a\Delta y+o(|\Delta z|),$$

即 $u(x,y)$ 与 $v(x,y)$ 在点 (x,y) 可微,并且

$$\frac{\partial u}{\partial x}=a=\frac{\partial v}{\partial y},\frac{\partial u}{\partial y}=-b=-\frac{\partial v}{\partial x}.$$

充分性. 因为

$$\Delta u=\frac{\partial u}{\partial x}\Delta x+\frac{\partial u}{\partial y}\Delta y+\varepsilon_1\cdot|\Delta z|,\lim_{|\Delta z|\to 0}\varepsilon_1=0,\varepsilon_1\in\mathbb{R},$$

$$\Delta v=\frac{\partial v}{\partial x}\Delta x+\frac{\partial v}{\partial y}\Delta y+\varepsilon_2\cdot|\Delta z|,\lim_{|\Delta z|\to 0}\varepsilon_2=0,\varepsilon_2\in\mathbb{R},$$

所以

$$f(z+\Delta z)-f(z)=\Delta u+\mathrm{i}\Delta v=\left(\frac{\partial u}{\partial x}+\mathrm{i}\,\frac{\partial v}{\partial x}\right)(\Delta x+\mathrm{i}\Delta y)+(\epsilon_1+\mathrm{i}\epsilon_2)|\Delta z|.$$

因此，

$$\lim_{\Delta z\to 0}\frac{f(z+\Delta z)-f(z)}{\Delta z}=\frac{\partial u}{\partial x}+\mathrm{i}\,\frac{\partial v}{\partial x},$$

即 $f(z)$ 在点 $z=x+\mathrm{i}y$ 可导. 定理得证.

数学分析告诉我们，若二元函数的所有偏导数在点 (x,y) 连续，则二元函数在点 (x,y) 可微. 因此，我们有下面常用推论.

推论 2.1.1　设函数 $f(z)=u(x,y)+\mathrm{i}v(x,y)$ 在区域 D 上有定义. 若 u_x,u_y，v_x,v_y 在区域 D 内连续并且 $u(x,y)$ 与 $v(x,y)$ 在区域 D 内满足 C-R 方程，则 $f(z)$ 在区域 D 内可微，从而在区域 D 内解析.

需要指出的是，推论 2.1.1 借用数学分析的知识给出了判定解析性的一个充分条件. 但数学分析告诉我们，二元函数在点 (x,y) 处可微不一定推出偏导数在点 (x,y) 连续. 因此，在目前情况下推论 2.1.1 还不能成为充要条件. 尽管如此，当我们学习了解析函数的无穷可微性之后，就可以看出推论 2.1.1 确实可以是充要条件.

推论 2.1.2　函数 $f(z)=u(x,y)+\mathrm{i}v(x,y)$ 在区域 D 内解析的充要条件是 $u(x,y)$ 与 $v(x,y)$ 在区域 D 内可微并且满足 C-R 方程.

在判定函数的可微性和解析性时，我们常用推论 2.1.1.

例 2.1.7　讨论 $f(z)=|z|^2$ 的解析性.

解：由于 $u(x,y)=x^2+y^2,v(x,y)\equiv 0$，所以 $u_x=2x$，$u_y=2y$，$v_x=v_y=0$. 由此可见，$u(x,y)$ 与 $v(x,y)$ 仅在 $z=0$ 处满足 C-R 方程. 故 $f(z)$ 仅可能在 $z=0$ 可微. 因此 $f(z)$ 在 z 平面上处处不解析.

例 2.1.8　试证 $f(z)=\mathrm{e}^x(\cos y+\mathrm{i}\sin y)$ 在 z 平面上处处解析，且 $f'(z)=f(z)$.

证明：因为 $u(x,y)=\mathrm{e}^x\cos y,v(x,y)=\mathrm{e}^x\sin y$，所以

$$u_x=\mathrm{e}^x\cos y,u_y=-\mathrm{e}^x\sin y,$$
$$v_x=\mathrm{e}^x\sin y,v_y=\mathrm{e}^x\cos y.$$

又因为 u_x,u_y,v_x,v_y 在 z 平面上连续并且 $u(x,y)$ 与 $v(x,y)$ 在 z 平面上满足 C-R 方程，故由推论 2.1.1 知 $f(z)$ 在 z 平面上处处解析，且

$$f'(z)=u_x+\mathrm{i}v_x=\mathrm{e}^x\cos y+\mathrm{i}\mathrm{e}^x\sin y=f(z).$$

2.2　初等解析函数

2.2.1　指数函数

定义 2.2.1　对于任意复数 $z=x+\mathrm{i}y$，称

$$e^z = e^{x+iy} = e^x(\cos y + i\sin y). \tag{2.2.1}$$

为复指数函数.

复指数函数 e^z 具有以下基本性质:

(1) 当 $z=x(y=0,x$ 为实数)时,则 $e^z=e^x$ 即为通常的实指数函数;

(2) $|e^z|=e^x>0$(故 $e^z\neq 0$),$\text{Arg } e^z=y+2k\pi$,$k\in\mathbb{Z}$;

(3) e^z 在复平面上解析,且 $(e^z)'=e^z$;

(4) 加法定理成立,即 $e^{z_1+z_2}=e^{z_1}\cdot e^{z_2}$;

(5) e^z 以 $2\pi i$ 为基本周期,即 e^z 的所有周期都是 $2\pi i$ 的整数倍;

(6) $\lim\limits_{z\to\infty} e^z$ 不存在.因为当 z 沿实轴趋于 $+\infty$ 时,$e^z\to+\infty$;

(7) 在式(2.2.1)中,取 $x=0$ 就得到欧拉公式

$$e^{iy}=\cos y+i\sin y,$$

即(2.2.1)是欧拉公式的推广.

这里,我们对性质(5)做些说明.设 $w=a+ib$ 是 e^z 的任一周期,从而 $e^{z+w}=e^z$ 对所有的 z 成立.令 $z=0$,则 $e^w=1$.于是 $e^a=1$,$\cos b=1$ 及 $\sin b=0$ 三者均成立,解得 $a=0$,$b=2k\pi$.因此,$w=k\cdot 2\pi i$.这就证明了 e^z 以 $2\pi i$ 为基本周期.

从上面讨论,我们还可以得出方程 $e^z=1$ 的解为 $z=2k\pi i(k\in\mathbb{Z})$.

2.2.2 三角函数

由式(2.2.1),当 $x=0$ 时,有 $e^{iy}=\cos y+i\sin y$,$e^{-iy}=\cos y-i\sin y$.由此,我们定义复三角函数如下.

定义 2.2.1 称 $\sin z=\dfrac{e^{iz}-e^{-iz}}{2i}$ 与 $\cos z=\dfrac{e^{iz}+e^{-iz}}{2}$ 为复数 z 的正弦函数和余弦函数.

容易验证,这样定义的正弦函数和余弦函数具有如下性质:

(1) 当 z 为实数时,它们与通常的实正弦函数和实余弦函数一致.

(2) 它们都在 z 平面上解析,且 $(\sin z)'=\cos z$,$(\cos z)'=-\sin z$.

(3) $\sin z$ 是奇函数,$\cos z$ 是偶函数,且通常的三角恒等式亦成立,如

$$\sin^2 z+\cos^2 z=1,$$

$$\sin(z_1+z_2)=\sin z_1\cos z_2+\cos z_1\sin z_2,$$

$$\cos(z_1+z_2)=\cos z_1\cos z_2-\sin z_1\sin z_2.$$

譬如,$\sin^2 z+\cos^2 z=\left(\dfrac{e^{iz}-e^{-iz}}{2i}\right)^2+\left(\dfrac{e^{iz}+e^{-iz}}{2}\right)^2$

$$=-\frac{1}{4}(e^{2iz}-2+e^{-2iz})+\frac{1}{4}(e^{2iz}+2+e^{-2iz})=1.$$

(4) $\sin z$ 及 $\cos z$ 均以 2π 为基本周期(见例 2.2.1).

(5) $\sin z$ 的零点(即 $\sin z=0$ 的根)为 $z=n\pi(n\in\mathbb{Z})$;

$\cos z$ 的零点为 $z = \left(n + \dfrac{1}{2}\right)\pi\,(n \in \mathbb{Z})$.

(6) 在复数域内,不等式 $|\sin z| \leqslant 1$,$|\cos z| \leqslant 1$ 不成立. 因为若取 $z = \mathrm{i}y\,(y > 0)$,则

$$\cos z = \cos \mathrm{i}y = \frac{\mathrm{e}^{\mathrm{i}(\mathrm{i}y)} + \mathrm{e}^{-\mathrm{i}(\mathrm{i}y)}}{2} = \frac{\mathrm{e}^{-y} + \mathrm{e}^{y}}{2} > \frac{\mathrm{e}^{y}}{2} \to +\infty \ (\text{当 } y \to +\infty).$$

例 2.2.1 对任意复数 z,若 $\sin(z + w) = \sin z$,则必有 $w = 2k\pi\,(k \in \mathbb{Z})$.

证明: 因为 $\sin(z + w) = \sin z$,所以 $\sin(z + w) - \sin z = 0$. 于是有

$$2\sin\frac{w}{2}\cos\left(z + \frac{w}{2}\right) = 0, \ \forall z \in \mathbb{C}.$$

从而 $\sin\dfrac{w}{2} = 0$. 故由性质(5)推得 $w = 2k\pi\,(k \in \mathbb{Z})$.

与实三角函数一样,我们可定义其他的复三角函数:

定义 2.2.2 称

$$\tan z = \frac{\sin z}{\cos z}, \cot z = \frac{\cos z}{\sin z}, \sec z = \frac{1}{\cos z}, \csc z = \frac{1}{\sin z}$$

为复数 z 的正切函数、余切函数、正割函数、余割函数.

这四个函数均在 z 平面上除分母为零的点外解析,且

$$(\tan z)' = \sec^2 z, \quad (\cot z)' = -\csc^2 z,$$

$$(\sec z)' = \sec z \tan z, \quad (\csc z)^2 = -\csc z \cot z.$$

其中,正切、余切的基本周期为 π,正割、余割的基本周期为 2π.

2.3 初等多值解析函数

2.3.1 根式函数

定义 2.3.1 对于给定的复数 z 和正整数 n,我们称满足方程 $w^n = z$ 的复数 w 为复数 z 的根式,记为 $w = \sqrt[n]{z}$. 当视 z 为复平面上的自变量时,则称函数 $w = \sqrt[n]{z}$ 为根式函数.

对于给定非零复数 $z = r\mathrm{e}^{\mathrm{i}\theta}\,(-\pi < \theta \leqslant \pi)$,设 $w = \rho\mathrm{e}^{\mathrm{i}\varphi}$ 满足方程 $w^n = z$,则

$$\rho^n = r, \mathrm{e}^{\mathrm{i}n\varphi} = \mathrm{e}^{\mathrm{i}\theta} \Rightarrow n\varphi = \theta + 2k\pi\,(k \in \mathbb{Z}).$$

但再由 e^z 的周期性知,满足方程 $w^n = z$ 的有 n 个不同复数 w,记为

$$w_k = \sqrt[n]{r}\,\mathrm{e}^{\frac{\theta + 2k\pi}{n}\mathrm{i}}, k = 0, 1, 2, \cdots, n - 1. \tag{2.3.1}$$

从几何上看,这 n 个互异的 w_k 等距分布在以原点为圆心、以 $\sqrt[n]{r}$ 为半径的圆周上. 从映射的角度上看,z 平面上的一个点 z 恰有 w 平面上的 n 个互异的点 w_k 与之对应. 因此,根式函数 $w = \sqrt[n]{z}$ 是一个 n 值函数.

从式(2.3.1)看出,根式函数产生多值的原因在于非零复数 z 的辐角具有多值

性.为进一步研究清楚根式函数的值随自变量 z 的辐角的变化规律,我们让 z 沿光滑曲线 C 连续变化.设 C 的起点为 z_1,终点为 z_2,且不经过原点.任取 Arg z 在 z_1 的一个特定值,记为 arg z_1,让 z 沿 C 从 z_1 连续变化到 z_2,则 z 的辐角也相应从 arg z_1 连续变动到 Arg z 在 z_2 的一个特定值,记为 arg z_2.称 arg z_2 — arg z_1 为 Arg z 沿 C 的连续改变量,记为 $\triangle_C$ arg z.于是,

$$\text{arg } z_2 = \text{arg } z_1 + \triangle_C \text{arg } z. \tag{2.3.2}$$

显然,$\triangle_C$ arg z 的值与 arg z_1 取哪个特定值无关.

当 C 为绕着原点的简单闭曲线,而 z 沿 C 连续绕行一周回到起始位置 z_1 时,

$$\triangle_C \text{arg } z = 2\pi(\text{逆时针绕行})\text{或者} - 2\pi(\text{顺时针绕行}),$$

因而根式函数 w 的值就从 $\sqrt[n]{r}\, e^{\frac{\text{arg } z_1}{n}i}$ 变化为 $\sqrt[n]{r}\, e^{\frac{\text{arg } z_1 + \triangle_C \text{arg } z}{n}i}$ 而不等于原值.当 C 为不绕着原点的简单闭曲线,z 沿 C 连续转动一周回到起始位置时,

$$\triangle_C \text{arg } z = 0,$$

此时,根式函数 w 的值没有发生变化.

从上面的讨论可以看出,原点是一个具有特殊性质的点.为此,引入下面的概念.

定义 2.3.2 扩充复平面上的点 a 称为多值函数 $w = f(z)$ 的支点,如果 z 在点 a 的某邻域内绕 a 一周回到起始位置,$w = f(z)$ 的值发生改变而不等于原值.

因此,原点是根式函数 $w = \sqrt[n]{z}$ 的一个支点.又由于在无穷远点 ∞ 的邻域 $|z| > R$ 绕行无穷远点 ∞ 一周等价于反向绕原点一周,因此无穷远点 ∞ 也是根式函数 $w = \sqrt[n]{z}$ 的一个支点.除此之外,扩充复平面上的其他点均不是根式函数 $w = \sqrt[n]{z}$ 的支点.

现在,我们只要适当割破扩充复平面使得多值函数 $w = f(z)$ 不会因为变点 z 绕行支点而导致函数值产生变化,那么就能分出多值函数 $w = f(z)$ 的单值分支函数.例如,对于根式函数 $w = \sqrt[n]{z}$ 而言,当从原点起沿着负实轴割破平面后,不在割线上的定点 z_1,其辐角只能被固定在某个特定值 arg z_1 上,而割破平面上其他点 z 的辐角可以通过位于割破复平面内且连接 z_1 与 z 的光滑曲线 C 连续变化得到.此时,曲线 C 已经不能绕支点转动,故无论这样的 C 如何选择,$\triangle_C$ arg z 始终保持定值,于是 z 的辐角 arg z 等于 arg $z_1 + \triangle_C$ arg z 也是唯一确定的.可见,根式函数 $w = \sqrt[n]{z}$ 在割破复平面内表示某个单值分支函数.

由上面的讨论可以看出,当从原点起沿着负实轴割破平面后,一定可分出根式函数 $w = \sqrt[n]{z}$ 的 n 个单值分支函数.但是如果要具体明确出哪个分支,还需要一个初始条件来确定.

例 2.3.1 设 $w = \sqrt[3]{z}$ 定义在从原点起沿负实轴割破的平面上,且 $w(i) = -i$,求 $w(-i)$.

分析:已知初始点 $z_1 = i$ 的可能辐角 arg $z_1 =$ arg $i = \dfrac{\pi}{2} + 2k\pi$($k$ 取 0,1 或者 2).

我们需要用已知条件 $w(\mathrm{i})=-\mathrm{i}$ 确定出 k 值（代表某分支），然后在这个分支上求出 $w(-\mathrm{i})$ 的值.

解：因为 $\theta(\mathrm{i})=\dfrac{\pi}{2}(-\pi<\theta\leqslant\pi)$，$r(\mathrm{i})=1$，所以由公式(2.3.1)及 $w(\mathrm{i})=-\mathrm{i}$ 得

$$-\mathrm{i}=\sqrt[3]{r(\mathrm{i})}\,\mathrm{e}^{\frac{\theta(\mathrm{i})+2k\pi}{3}\mathrm{i}}=\mathrm{e}^{\frac{\frac{\pi}{2}+2k\pi}{3}\mathrm{i}}\quad(k\ \text{取}\ 0,1\ \text{或者}\ 2).$$

逐一检验 k 值推得 $k=2$. 现在，在割破平面内任作一条 i 到 $-\mathrm{i}$ 的简单光滑曲线 C，则由式(2.3.2)知

$$\theta(-\mathrm{i})=\frac{\pi}{2}-\pi=-\frac{\pi}{2},$$

又 $r(-\mathrm{i})=1$，所以再次应用公式(2.3.1)得

$$w(-\mathrm{i})=\sqrt[3]{r(-\mathrm{i})}\,\mathrm{e}^{\frac{\theta(-\mathrm{i})+4\pi}{3}\mathrm{i}}=\mathrm{e}^{\frac{-\frac{\pi}{2}+4\pi}{3}\mathrm{i}}=\mathrm{e}^{\frac{7\pi}{6}\mathrm{i}}=-\mathrm{e}^{\frac{\pi}{6}\mathrm{i}}.$$

下面我们进一步说明，对于根式函数 $w=\sqrt[n]{z}$，当适当割破复平面分出 n 个单值分支函数后，则每个单值分支函数在割破的复平面上是解析的. 事实上，此时每个单值分支函数都可以表示为

$$w_k(z)=\sqrt[n]{r}\,\mathrm{e}^{\theta\mathrm{i}}=\sqrt[n]{r}\cos\theta+\mathrm{i}\sqrt[n]{r}\sin\theta\quad(\theta\ \text{为}\ z\ \text{的单值函数}).$$

可以计算得出 $w_k(z)$ 满足极坐标形式的 C-R 方程（见习题 10），所以 $w_k(z)$ 在割破的复平面上是处处解析的，从而说明了每个分支 $w_k(z)$ 都是单值解析函数.

一般情况下，根式函数以 $w=\sqrt[n]{P(z)}$ 的形式出现，其中多项式 $P(z)$ 形如

$$P(z)=A\,(z-a_1)^{k_1}(z-a_2)^{k_2}\cdots(z-a_m)^{k_m},$$

其中 $a_1,a_2,\cdots,a_m$ 两两互异，$\displaystyle\sum_{i=1}^{m}k_i=N$. 此时，根式函数 $w=\sqrt[n]{P(z)}$ 的可能支点为

$$a_1,a_2,\cdots,a_m\ \text{和}\ \infty.$$

为此还需进一步明确支点，其判别方法如下：

(1) a_i 是 $w=\sqrt[n]{P(z)}$ 的支点当且仅当 $n\nmid k_i$（n 不整除 k_i）；

(2) ∞ 是 $w=\sqrt[n]{P(z)}$ 的支点当且仅当 $n\nmid N$（n 不整除 N）.

明确支点之后，用简单曲线连接所有支点形成割破复平面的割线（也称支割线），这样就能分出根式函数 $w=\sqrt[n]{P(z)}$ 的 n 个单值解析分支函数.

对于求满足初始条件 $w(z_1)=w_1$ 的那个单值解析分支在 z_2 处函数值这类问题，我们有下面两种方法：

方法 1：先利用初始条件 $w(z_1)=w_1$ 和公式(2.3.1)确定出 k 值，然后计算 $w(z_2)$；

方法 2：利用辐角改变量 $\Delta_C\arg z$ 来计算，即

$$w(z_2)=|w(z_2)|\,\mathrm{e}^{\arg w(z_2)\mathrm{i}}=|w(z_2)|\,\mathrm{e}^{(\arg w(z_1)+\Delta_C\arg w)\mathrm{i}}=|w(z_2)|\,\mathrm{e}^{\left[\arg w(z_1)+\frac{\Delta_C\arg z}{n}\right]\mathrm{i}}.$$

例 2.3.2　试证 $w=\sqrt[3]{z(1-z)}$ 在将 z 平面适当割破后能分出三个单值解析分支，并求出点 $z=2$ 取负值的那个分支在 $z=\mathrm{i}$ 的值.

解 1：先求 $w(z)$ 的支点. $w(z)$ 的可能支点为 $0,1,\infty$. 由于 $3 \nmid 1, 3 \nmid 2$，所以 $0,1$，∞ 均是 $w(z)$ 的支点. 将 z 平面沿着正实轴从 0 到 1 割破，再沿负虚轴割破(见图 2-2). 在这样割破的 z 平面上，变点 z 既不能单独绕着支点 0 和 1 转动一周，也不能同时绕着支点 0 和 1(即支点 ∞)旋转一周，因而就能分出 $w = \sqrt[3]{z(1-z)}$ 的三个单值解析分支.

接着利用初始条件 $w(2) < 0$ 确定出 k 值. 令 $P(z) = z(1-z)$，则
$$r = |P(2)| = 2, \theta = \arg(P(2)) = \arg 2 + \arg(-1) = 0 + \pi.$$
再由 $\sqrt[3]{|P(2)|}\, \mathrm{e}^{\frac{\arg(P(2))+2k\pi}{3}\mathrm{i}}$ 取负值知，$k = 1$.

最后求终值 $w(\mathrm{i})$. 在割破的平面内任作一条 2 到 i 的简单光滑曲线 C(见图 2-2)，则由式(2.3.2)知
$$\Delta_C \arg P(z) = \Delta_C \arg z + \Delta_C \arg(1-z) = \frac{\pi}{2} + \frac{3\pi}{4},$$
所以
$$\arg(P(\mathrm{i})) = \arg(P(2)) + \Delta_C \arg P(z) = \pi + \frac{5\pi}{4} = \frac{9\pi}{4},$$
因此
$$w(\mathrm{i}) = \sqrt[3]{|P(\mathrm{i})|}\, \mathrm{e}^{\frac{\arg(P(\mathrm{i}))+2\pi}{3}\mathrm{i}} = \sqrt[6]{2}\, \mathrm{e}^{\frac{\frac{9\pi}{4}+2\pi}{3}\mathrm{i}} = \sqrt[6]{2}\, \mathrm{e}^{\frac{17\pi}{12}\mathrm{i}} = -\sqrt[6]{2}\, \mathrm{e}^{\frac{5\pi}{12}\mathrm{i}}.$$

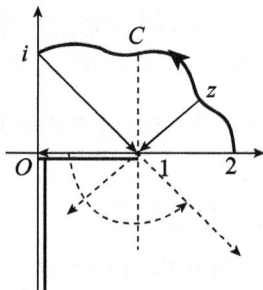

图 2-2

解 2：先求 $w(z)$ 的支点，如解 1 所述. 然后求辐角改变量，同样令 $P(z) = z(1-z)$，则
$$\Delta_C \arg P(z) = \Delta_C \arg z + \Delta_C \arg(1-z) = \frac{\pi}{2} + \frac{3\pi}{4},$$
所以
$$\Delta_C \arg w = \frac{\Delta_C \arg P(z)}{3} = \frac{5\pi}{12}.$$
从而
$$w(\mathrm{i}) = |w(\mathrm{i})|\, \mathrm{e}^{[\arg w(2)+\Delta_C \arg w]\mathrm{i}} = \sqrt[3]{|P(\mathrm{i})|}\, \mathrm{e}^{[\arg w(2)+\frac{\Delta_C \arg P(z)}{3}]\mathrm{i}}.$$
$$= \sqrt[6]{2}\, \mathrm{e}^{(\pi+\frac{5\pi}{12})\mathrm{i}} = \sqrt[6]{2}\, \mathrm{e}^{\frac{17\pi}{12}\mathrm{i}} = -\sqrt[6]{2}\, \mathrm{e}^{\frac{5\pi}{12}\mathrm{i}}.$$

2.3.2　对数函数

定义 2.3.3　对于给定的非零有穷复数 z，我们称满足方程 $e^w=z$ 的复数 w 为复数 z 的对数，记为 $w=\text{Ln } z$. 当 z 为自变量时，称 $w=\text{Ln } z$ 为对数函数.

设 $z=re^{i\theta}$，$w=u+iv$，则 $e^{u+iv}=re^{i\theta}$，从而有

$$u=\ln r,v=\theta+2k\pi,k\in\mathbb{Z},-\pi<\theta\leqslant\pi.$$

于是

$$w=\text{Ln } z=\ln r+i(\theta+2k\pi),k\in\mathbb{Z},-\pi<\theta\leqslant\pi.$$

从映射的角度上看 $w=\text{Ln } z$，给定 z 平面上的一个非零复数 z 有 w 平面上的无穷多个互异的点 w_k 与之对应. 从几何上看，这无穷多个互异的 w_k 等距分布在直线 $\text{Re}w=\ln r$ 上. 因此，对数函数 $w=\text{Ln } z$ 是一个多值函数.

与根式函数的多值性类似，对数函数的多值性也是由自变量 z 的辐角具有多值性引起的. 原点和无穷远点 ∞ 都是对数函数的支点，除此之外，扩充复平面的其他点都不是对数函数的支点. 沿着支点适当割破复平面后，可以将对数函数分出无穷多个单值解析分支函数. 特别称 $\ln r+i\theta(-\pi<\theta\leqslant\pi)$ 为对数函数 $w=\text{Ln } z$ 的主支，记为 $\ln z$. 因此，对数函数还可以表示为

$$w=\text{Ln } z=\ln|z|+i(\theta+2k\pi)=\ln z+2k\pi i,k\in\mathbb{Z}.$$

当把主支 $\ln z$ 限制在正实轴上，则它就是通常的实对数函数.

可以验证，对数函数具有如下性质：

(1) $\text{Ln}(z_1z_2)=\text{Ln } z_1+\text{Ln } z_2$；

(2) $\text{Ln}\left(\dfrac{z_1}{z_2}\right)=\text{Ln } z_1-\text{Ln } z_2$；

(3) $e^{\text{Ln } z}=z$.

例 2.3.3　$\text{Ln }(-1)=\ln|-1|+i(\pi+2k\pi)=i(2k+1)\pi,k\in\mathbb{Z}.$

$$\ln(-1)=\ln|-1|+i\pi=i\pi;$$

$$\ln i=\ln|i|+i\frac{\pi}{2}=i\frac{\pi}{2}.$$

2.3.3　一般幂函数与一般指数函数

定义 2.3.4　称 $w=z^a=e^{a\text{Ln } z}(z\neq 0,\infty;a$ 为有穷复数$)$ 为 z 的一般幂函数.

由于 $\text{Ln } z$ 是多值函数，因而一般情况下，$w=e^{a\text{Ln } z}$ 也是多值函数，并以 $z=0$，∞ 为支点. 将 $\text{Ln } z$ 的计算公式代入一般幂函数，得

$$w=z^a=e^{a[\ln z+2k\pi i]}=w_0 e^{2k\pi ia},k\in\mathbb{Z}.$$

(1) 当 a 是一整数 n 时，$e^{2k\pi ia}=e^{2(nk)\pi i}=1$，此时 $w=z^a$ 是单值函数；

(2) 当 a 是一有理数 $\dfrac{p}{q}(p,q$ 互质$)$ 时，此时 $w=z^a$ 是 q 值函数（多值函数）；

(3) 当 a 是无理数或纯虚数时，此时 $e^{2k\pi ia}$ 的所有值都不相同，故 $w=z^a$ 是无穷

多值函数.

定义 2.3.5　称 $w=a^z=e^{z\mathrm{Ln}\,a}(a\neq 0,\infty)$ 为 z 的一般指数函数.

同样地,一般情况下,它也是多值函数.若取 a 为自然常数 e 且取主支 ln e,则它就是通常的指数函数 e^z.

例 2.3.4　求 i^i 和 2^{1+i}.

解:

$$i^i=e^{i\mathrm{Ln}\,i}=e^{i\left[\ln 1+i\left(\frac{\pi}{2}+2k\pi\right)\right]}=e^{-\left(\frac{\pi}{2}+2k\pi\right)},k\in\mathbb{Z};$$

$$2^{1+i}=e^{(1+i)\mathrm{Ln}\,2}=e^{(1+i)(\ln 2+2k\pi i)}=e^{\ln 2-2k\pi+i(\ln 2+2k\pi)}=e^{\ln 2-2k\pi+i\ln 2},k\in\mathbb{Z}.$$

习　题　二

1.按定义证明 $f(z)=\mathrm{Re}z$ 在 z 平面上处处不可导,从而处处不解析.

2.试判断下列函数的可微性和解析性.

    (1) $f(z)=x^2+iy^2$；　　　　　　　(2) $f(z)=\dfrac{1}{\bar{z}}$；

    (3) $f(z)=(x^3-3xy^2)+i(3x^2y-y^3)$.

3.若 $f(z)$ 在区域 D 内解析,且满足下述条件之一,试证 $f(z)$ 在 D 内必为常数.

    (1) 在 D 内 $f'(z)\equiv 0$；

    (2) $\overline{f(z)}$ 在 D 内解析；

    (3) $|f(z)|$ 在 D 内为常数；

    (4) $\mathrm{Re}f(z)$ 或 $\mathrm{Im}f(z)$ 在 D 内为常数.

4.设 $z=x+iy$,计算 $|e^{i-2z}|$ 与 $|e^{z^2}|$.

5.计算 $\sin(i-1)$ 与 $\cos(2-i)$.

6.解下列方程.

    (1) $z^4+a^4=0$ $(a>0)$；　　　　(2) $z^3=1-i$；

    (3) $e^z=-1$；　　　　　　　　　(4) $e^z=1+\sqrt{3}\,i$；

    (5) $\ln z=\dfrac{\pi}{2}i$；　　　　　　　(6) $\cos z+\sin z=0$.

7.计算 $(1+i)^i$ 与 i^{1+i}.

8.试证 $w=\sqrt[3]{z^2(1-z)}$ 在将 z 平面适当割破后能分出三个单值解析分支,并求出点 $z=2$ 取负值的那个分支在 $z=i$ 处的值.

9*.试证多值函数 $w=\sqrt[4]{(1+z)(1-z)^3}$ 在割去线段 $[-1,1]$ 的 z 平面上能分出四个单值解析分支,并求函数在割线上岸取正值的那个分支在 $z=-i$ 处的值.

10*.证明下面定理:设 $f(z)=u(r,\theta)+iv(r,\theta),z=re^{i\theta}$,若 $u(r,\theta)$ 及 $v(r,\theta)$ 均在点 (r,θ) 可微,且满足极坐标的 C-R 方程:

$$\frac{\partial u}{\partial r}=\frac{1}{r}\cdot\frac{\partial v}{\partial \theta},\frac{\partial v}{\partial r}=-\frac{1}{r}\cdot\frac{\partial u}{\partial \theta}\ (r>0),$$

则 $f(z)$ 在点 z 是可微的,且有

$$f'(z)=(\cos\theta-\mathrm{i}\sin\theta)\left(\frac{\partial u}{\partial r}+\mathrm{i}\,\frac{\partial v}{\partial r}\right)=\frac{r}{z}\left(\frac{\partial u}{\partial r}+\mathrm{i}\,\frac{\partial v}{\partial r}\right).$$

11. 以 $f(z)=\mathrm{e}^z$ 为例说明数学分析中的罗尔(Rolle)中值定理在 z 平面上不成立.

12. 若 $f(z)$ 及 $g(z)$ 在点 z_0 解析,且 $f(z_0)=g(z_0)=0,g'(z_0)\neq0$,试证明 $\lim\limits_{z\to z_0}\dfrac{f(z)}{g(z)}=$
$\dfrac{f'(z_0)}{g'(z_0)}$.然后对比数学分析中的洛必达法则说明两者的不同之处.

13. 证明.

(1) $\lim\limits_{z\to0}\dfrac{\sin z}{z}=1$;　　　　　　(2) $\lim\limits_{z\to0}\dfrac{\mathrm{e}^z-1}{z}=1$;

(3) $\lim\limits_{z\to0}\dfrac{z(1-\cos z)}{z-\sin z}=3$.

14*. 试证:$|\mathrm{Im}z|\leqslant|\sin z|\leqslant\mathrm{e}^{|\mathrm{Im}z|}$.

第 3 章　复积分

复变函数的积分(简称复积分)是研究解析函数的一个重要工具.本章将介绍复积分的概念、性质以及一般的计算方法,着重介绍在复积分理论及其应用中占有极其重要地位的柯西积分定理和柯西积分公式.

3.1　复积分的概念及简单性质

3.1.1　复积分的定义

为了叙述上的方便,如无特别声明,所提到的曲线均指光滑或逐段光滑曲线,逐段光滑的简单闭曲线简称为围线,其方向在第 1 章已经作过规定.不是闭的曲线的方向,则只须指出它的起点和终点即可.

定义 3.1.1　设有向曲线 $C:z=z(t)=x(t)+\mathrm{i}y(t)(t\in[\alpha,\beta])$,以 $a=z(\alpha)$ 为起点,$b=z(\beta)$ 为终点.$f(z)$ 沿 C 有定义.在 C 上从 a 到 b 的方向取分点

$$a=z_0,z_1,\cdots,z_{n-1},z_n=b,$$

它们将曲线 C 分成 n 个弧段 $\widehat{z_{k-1}z_k}(k=1,2,\cdots,n)$ (见图 3-1).在每一个弧段 $\widehat{z_{k-1}z_k}$ 上任取一点 ζ_k,作和数

$$S_n=\sum_{k=1}^n f(\zeta_k)\Delta z_k,$$

其中 $\Delta z_k=z_k-z_{k-1}$.设 Δs_k 为弧段 $\widehat{z_{k-1}z_k}$ 的长度,$\lambda=\max\limits_{1\leqslant k\leqslant n}\{\Delta s_k\}$.若无论对 C 的分划和 ζ_k 的取法如何,极限 $\lim\limits_{\lambda\to 0}S_n$ 都唯一存在,则称 $f(z)$ 沿 C 可积,称该极限值为 $f(z)$ 沿 C 的积分,记为 $\int_C f(z)\mathrm{d}z$,并称 C 为积分路径.此外,用 $\int_{C^-}f(z)\mathrm{d}z$ 表示沿 C 的负方向的积分.

与数分分析类似,若 $f(z)$ 沿 C 可积,则 $f(z)$ 沿 C 有界.

3.1.2　复积分的计算

定理 3.1.1　若 $f(z)=u(x,y)+\mathrm{i}v(x,y)$ 沿曲线 C 连续,则 $f(z)$ 沿 C 可积,且

$$\int_C f(z)\mathrm{d}z=\int_C(u\mathrm{d}x-v\mathrm{d}y)+\mathrm{i}\int_C(v\mathrm{d}x+u\mathrm{d}y). \tag{3.1.1}$$

证明：设

$$z_k=x_k+\mathrm{i}y_k,\ \Delta x_k=x_k-x_{k-1},\ \Delta y_k=y_k-y_{k-1},$$

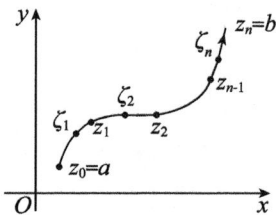

$$\xi_k = \zeta_k + i\eta_k, \quad u(\zeta_k, \eta_k) = u_k, \quad v(\zeta_k, \eta_k) = v_k,$$

则

$$S_n = \sum_{k=1}^{n} f(\xi_k)\Delta z_k = \sum_{k=1}^{n}(u_k + iv_k)(\Delta x_k + i\Delta y_k)$$

$$= \sum_{k=1}^{n}(u_k\Delta x_k - v_k\Delta y_k) + i\sum_{k=1}^{n}(u_k\Delta y_k + v_k\Delta x_k).$$

上式右端的两个和数是对应的两个曲线积分的积分和数. 在定理的假设条件下,$u(x,y)$ 及 $v(x,y)$ 均沿 C 连续,因而这两个曲线积分均存在,故积分 $\int_C f(z)\mathrm{d}z$ 存在且有(3.1.1)式.

式(3.1.1)说明复积分的计算问题可以转化为两个二元实函数的曲线积分的计算问题.

例 3.1.1　设 C 表示连接点 a 和 b 的任一曲线,则

(1) $\int_C \mathrm{d}z = b - a$;　　　　　(2) $\int_C z\,\mathrm{d}z = \dfrac{1}{2}(b^2 - a^2)$.

证明:(1) 因为 $f(z)=1$,所以

$$S_n = \sum_{k=1}^{n} f(\xi_k)\Delta z_k = \sum_{k=1}^{n}\Delta z_k = b - a.$$

故 $\displaystyle\int_C \mathrm{d}z = \lim_{\lambda\to 0}S_n = b - a.$

(2) 因为 $f(z)=z$ 沿 C 连续,故可取特殊分点作和. 分别选取 $\xi_k = z_{k-1}$ 和 $\xi_k = z_k$,得两个和式 $\Sigma_1 = \displaystyle\sum_{k=1}^{n} z_{k-1}\Delta z_k$ 及 $\Sigma_2 = \displaystyle\sum_{k=1}^{n} z_k\Delta z_k$. 因为

$$\lim_{\lambda\to 0}\Sigma_1 = \lim_{\lambda\to 0}\Sigma_2 = \lim_{\lambda\to 0}S_n = \int_C z\,\mathrm{d}z,$$

所以

$$\int_C z\,\mathrm{d}z = \frac{1}{2}\left(\lim_{\lambda\to 0}\Sigma_1 + \lim_{\lambda\to 0}\Sigma_2\right)$$

$$= \frac{1}{2}\lim_{\lambda\to 0}(\Sigma_1 + \Sigma_2) = \frac{1}{2}\lim_{\lambda\to 0}\sum_{k=1}^{n}(z_k^2 - z_{k-1}^2) = \frac{1}{2}(b^2 - a^2).$$

特别地,当 C 为围线时,有 $\oint_C \mathrm{d}z = 0, \oint_C z\,\mathrm{d}z = 0$.

下面在定理 3.1.1 的条件下进一步改进复积分的计算方法.

设光滑曲线 C 的参数方程为:$z = z(t) = x(t) + iy(t)\,(t:\alpha\to\beta)$,则

$$\int_C f(z)\mathrm{d}z = \int_C (u\mathrm{d}x - v\mathrm{d}y) + i\int_C (v\mathrm{d}x + u\mathrm{d}y)$$

$$= \int_\alpha^\beta [u(x(t),y(t))x'(t) - v(x(t),y(t))y'(t)]\mathrm{d}t +$$

$$i\int_\alpha^\beta [v(x(t),y(t))x'(t) + u(x(t),y(t))y'(t)]\mathrm{d}t$$

$$= \int_\alpha^\beta \{ [u(x(t),y(t)) + iv(x(t),y(t))] \cdot [x'(t) + iy'(t)] \} dt.$$

另一方面,

$$f(z) = f[z(t)] = u(x(t),y(t)) + iv(x(t),y(t)), dz = [x'(t) + iy'(t)]dt.$$

因此,综合上述两方面可得

$$\int_C f(z)dz = \int_\alpha^\beta f[z(t)]z'(t)dt. \tag{3.1.2}$$

例 3.1.2(重要例子)

$$\int_C \frac{dz}{(z-a)^n} = \begin{cases} 2\pi i, & n = 1, \\ 0, & n \neq 1, n \in \mathbb{Z}, \end{cases}$$

其中 C 是以 a 为圆心, r 为半径的圆周.

证明: 因为 C 的参数方程为

$$z - a = re^{i\theta}(\theta : 0 \to 2\pi),$$

故由式(3.1.1)得

$$\int_C \frac{dz}{(z-a)^n} = \int_0^{2\pi} \frac{ire^{i\theta}d\theta}{r^n e^{in\theta}} = \frac{i}{r^{n-1}} \int_0^{2\pi} e^{-i(n-1)\theta}d\theta.$$

因此,当 $n = 1$ 时,

$$\int_C \frac{dz}{(z-a)^n} = i\int_0^{2\pi} d\theta = 2\pi i;$$

当 n 为整数且 $n \neq 1$ 时,

$$\int_C \frac{dz}{(z-a)^n} = \frac{i}{r^{n-1}} \cdot \frac{1}{1-n} \cdot e^{-i(n-1)\theta} \Big|_0^{2\pi} = 0.$$

特别值得提醒的是,此积分值与半径 r 无关.

3.1.3　复积分的基本性质

设 $f(z), g(z)$ 沿曲线 C 连续,则复积分具有与实曲线积分相类似的下列性质:

(1) $\int_C af(z)dz = a\int_C f(z)dz$ (a 是复常数);

(2) $\int_C [f(z) \pm g(z)]dz = \int_C f(z)dz \pm \int_C g(z)dz$;

(3) $\int_C f(z)dz = \int_{C_1} f(z)dz + \int_{C_2} f(z)dz$,其中 C 由曲线 C_1 和 C_2 衔接而成;

(4) $\int_{C^-} f(z)dz = -\int_C f(z)dz$.

(5) 设曲线 C 的长度为 L,函数 $f(z)$ 在 C 满足 $|f(z)| \leqslant M$,那么

$$\left| \int_C f(z)dz \right| \leqslant \int_C |f(z)||dz| = \int_C |f(z)|ds \leqslant ML.$$

证明: 显然 $|\Delta z_k| \leqslant \Delta s_k$,所以

$$\left| \sum_{k=1}^{n} f(\xi_k) \Delta z_k \right| \leqslant \sum_{k=1}^{n} |f(\xi_k)| |\Delta z_k| \leqslant \sum_{k=1}^{n} |f(\xi_k)| \Delta s_k \leqslant M \sum_{k=1}^{n} \Delta s_k = ML,$$

分别取极限即得结论.

例 3.1.3 计算积分 $\int_C \text{Re}z\,dz$,其中积分路径 C(见图 3-2)为:

(1) 连接由原点 0 到点 1+i 的直线段;

(2) 连接由原点 0 到 1 的直线段及连接由 1 到点 1+i 的直线段所组成的折线.

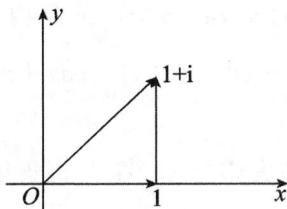

图 3-2

解:(1) 连接 0 及 1+i 的直线段的参数方程为
$$z=(1+i)t \quad (t:0 \to 1),$$
故
$$\int_C \text{Re}z\,dz = \int_0^1 \{\text{Re}[(1+i)t]\}(1+i)\,dt = \int_0^1 (1+i)t\,dt = \frac{1+i}{2}.$$

(2) 连接 0 与 1 的直线段的参数方程为
$$z=t(t:0 \to 1).$$
连接 1 与 1+i 的直线段的参数方程为
$$z=1+it \ (t:0 \to 1).$$
故
$$\int_C \text{Re}z\,dz = \int_0^1 \text{Re}t\,dt + \int_0^1 [\text{Re}(1+it)]i\,dt = \int_0^1 t\,dt + \int_0^1 i\,dt = \frac{1}{2} + i.$$

3.2 柯西积分定理

3.2.1 柯西积分定理

从上节的例子看出,有的复积分的值与积分路径无关,如例 3.1.1,但有的复积分的值却与积分路径有关,如例 3.1.3.自然就有问题:在什么条件下,复积分的积分值与积分路径无关?

我们知道,积分值与路径有关或无关的问题,实质上就是函数沿区域 D 任何闭曲线的积分值是否为零的问题.1825 年,柯西得到了如下著名的柯西积分定理.

定理 3.2.1 设 $f(z)$ 在 z 平面上的单连通区域 D 内解析,C 为 D 内任意一条

围线,则

$$\int_C f(z)\mathrm{d}z = 0.$$

1851 年,黎曼在附加条件"$f'(z)$ 在 D 内连续"的情况下,给出柯西积分定理一个简单的证明:

黎曼的证明:令 $z = x + \mathrm{i}y$,$f(z) = u(x,y) + \mathrm{i}v(x,y)$,由式 (3.1.1) 得

$$\int_C f(z)\mathrm{d}z = \int_C (u\mathrm{d}x - v\mathrm{d}y) + \mathrm{i}\int_C (v\mathrm{d}x + u\mathrm{d}y),$$

由假设 $f'(z)$ 在 D 内连续,从而 u_x, u_y, v_x, v_y 在 D 内连续,且满足 C-R 方程,进而由格林(Green)定理知 $\int_C (u\mathrm{d}x - v\mathrm{d}y) = 0, \int_C (v\mathrm{d}x + u\mathrm{d}y) = 0$,因此 $\int_C f(z)\mathrm{d}z = 0$.

1900 年,古莎(Goursat)在去掉"$f'(z)$ 在 D 内连续"的条件下证明了柯西积分定理.

古莎的证明:分三步来证明柯西积分定理.

第一步:假定 C 为 D 内一个闭三角形 $\triangle$ 的周界 $\partial\triangle$,其长度为 L. 设

$$\left|\int_{\partial\triangle} f(z)\mathrm{d}z\right| = M.$$

下面证明 $M = 0$.

二等分三角形 $\triangle$ 的每条边,两两连接这些分点,得到四个全等的三角形 $\triangle_1$,$\triangle_2, \triangle_3, \triangle_4$,其周界分别为 $\partial\triangle_1, \partial\triangle_2, \partial\triangle_3, \partial\triangle_4$(见图 3-3),则有

$$\int_{\partial\triangle} f(z)\mathrm{d}z = \int_{\partial\triangle_1} f(z)\mathrm{d}z + \int_{\partial\triangle_2} f(z)\mathrm{d}z + \int_{\partial\triangle_3} f(z)\mathrm{d}z + \int_{\partial\triangle_4} f(z)\mathrm{d}z,$$

$$(3.2.1)$$

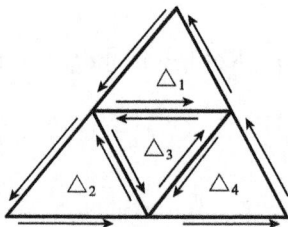

图 3-3

这里方向相反的两条积分路径的积分彼此抵消. 进而式(3.2.1)右端四个积分中至少有一个积分的模不小于 $\dfrac{M}{4}$,记所对应的三角形为 $\triangle^{(1)}$,其周界为 $\partial\triangle^{(1)}$,即

$$\left|\int_{\partial\triangle^{(1)}} f(z)\mathrm{d}z\right| \geqslant \frac{M}{4}.$$

依照前面的方法,四等分 $\triangle^{(1)}$ 成四个全等三角形 $\triangle_1^{(1)}, \triangle_2^{(1)}, \triangle_3^{(1)}, \triangle_4^{(1)}$,则有一个三角形,记为 $\triangle^{(2)}$,使得

$$\left| \int_{\partial \triangle^{(2)}} f(z) \mathrm{d}z \right| \geqslant \frac{M}{4^2}.$$

将这种做法无限地继续下去,我们就得到一列闭三角形序列

$$\triangle = \triangle^{(0)}, \triangle^{(1)}, \triangle^{(2)}, \cdots, \triangle^{(n)}, \cdots$$

满足 $\triangle^{(n)} \supset \triangle^{(n+1)}$,其周界 $\partial \triangle^{(n)}$ 的长度为 $\dfrac{L}{2^n}$,并且有

$$\left| \int_{\partial \triangle^{(n)}} f(z) \mathrm{d}z \right| \geqslant \frac{M}{4^n}, n = 0, 1, 2, \cdots. \tag{3.2.2}$$

由闭区域套定理知,存在唯一点 z_0 属于这个三角形序列中的所有三角形,从而 $z_0 \in D$.

另一方面,由于 $f(z)$ 在 D 内解析,所以

$$f'(z_0) = \lim_{z \to z_0} \frac{f(z) - f(z_0)}{z - z_0},$$

即对于任意给定的 $\varepsilon > 0$,存在 $\delta > 0$,使得当 $0 < |z - z_0| < \delta$ 时,有

$$\left| \frac{f(z) - f(z_0)}{z - z_0} - f'(z_0) \right| < \varepsilon.$$

于是,

$$|f(z) - f(z_0) - f'(z_0)(z - z_0)| \leqslant \varepsilon |z - z_0|, \forall z: |z - z_0| < \delta. \tag{3.2.3}$$

注意到,当 n 充分大以后(不妨设就从 n 开始),恒有 $\overline{\triangle^{(n)}} \subset \{z: |z - z_0| < \delta\}$. 故当点 z 位于三角形 $\triangle^{(n)}$ 的周界 $\partial \triangle^{(n)}$ 上时,有 $|z - z_0| \leqslant \dfrac{L}{2^n}$. 结合例 3.1.1 的直接结果

$$\int_{\partial \triangle^{(n)}} f(z_0) \mathrm{d}z = 0 \text{ 以及 } \int_{\partial \triangle^{(n)}} f'(z_0)(z - z_0) \mathrm{d}z = 0.$$

于是,我们从式(3.2.2)与式(3.2.3)推得

$$\begin{aligned}
\frac{M}{4^n} &\leqslant \left| \int_{\partial \triangle^{(n)}} f(z) \mathrm{d}z \right| \\
&= \left| \int_{\partial \triangle^{(n)}} f(z) \mathrm{d}z - \int_{\partial \triangle^{(n)}} f(z_0) \mathrm{d}z - \int_{\partial \triangle^{(n)}} f'(z_0)(z - z_0) \mathrm{d}z \right| \\
&= \left| \int_{\partial \triangle^{(n)}} [f(z) - f(z_0) - f'(z_0)(z - z_0)] \mathrm{d}z \right| \\
&\leqslant \varepsilon \frac{L}{2^n} \cdot \int_{\partial \triangle^{(n)}} \mathrm{d}s = \varepsilon \frac{L}{2^n} \cdot \frac{L}{2^n} = \varepsilon \frac{L^2}{4^n}.
\end{aligned}$$

这表明 $M \leqslant \varepsilon L^2$. 由 ε 的任意性知,$M = 0$.

第二步:假定 C 为 D 内任一简单闭折线 P.

用对角线把以 P 为周界的多角形分成有限多个闭三角形,如图 3-4(P 为凸多角形)和图 3-5(P 为凹多角形)所示. 此时,沿每一条对角线,积分因积分路径方向相反而相互抵消. 于是,由第一步的结果得

$$\int_P f(z) \mathrm{d}z = 0.$$

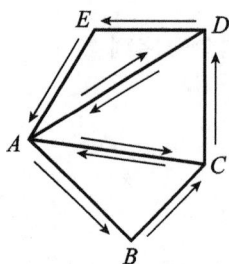
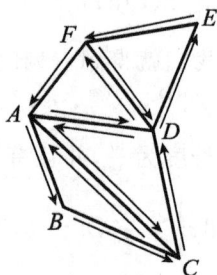
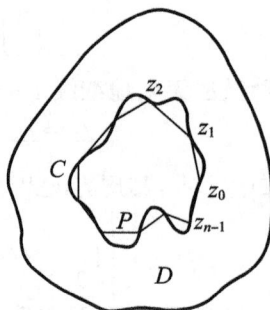

图 3-4   图 3-5   图 3-6

第三步:假定 C 为 D 内任意一条围线.

(1)先证对于任意给定的 $\varepsilon>0$,都存在一条内接于 C 并完全在 D 内的简单闭折线 P(如图 3-6)使得

$$\left|\int_C f(z)\mathrm{d}z-\int_P f(z)\mathrm{d}z\right|<\varepsilon.$$

为此,我们利用"两个不相交的非空闭集(其中之一为有界集)的距离大于零"这个事实,作区域 D 内的一个闭子域 $\bar{G}$,使得 C 完全位于 G 内,并设 C 与 ∂G 的(最小)距离为 $\rho>0$. 于是,以 C 上任意点为圆心,以 ρ 为半径的圆均完全含于 $\bar{G}$. 因此,对于 C 上任意两点,只要其弧段长小于 ρ,它们的连接线段也必完全位于 $\bar{G}$ 内.

根据假设,函数 $f(z)$ 在 $\bar{G}$ 上连续,从而在 $\bar{G}$ 上一致连续. 故对任意给定的 $\varepsilon>0$,存在正数 δ_1,使得当 $z',z''\in\bar{G}$ 且 $|z'-z''|<\delta_1$ 时,就有

$$|f(z')-f(z'')|<\frac{\varepsilon}{2L},\tag{3.2.4}$$

这里 L 为 C 之长.

然后在围线 C 上依积分正向取 n 个分点 $z_0,z_1,\cdots,z_{n-1}$,分 C 为 n 段弧 $\sigma_1,\sigma_2,\cdots,\sigma_n$,使得

$$\max_{1\leqslant j\leqslant n}\{\sigma_j \text{ 之长}\}<\delta\leqslant\min\{\delta_1,\rho\}.$$

于是,以 $z_0,z_1,\cdots,z_{n-1}$ 为顶点的简单多边形 P 完全位于 $\bar{G}$ 内,其边 r_j 是弧 σ_j 所对的弦. 故由式(3.2.4)知

$$\sup_{z\in\sigma_j}|f(z)-f(z_j)|<\frac{\varepsilon}{2L},\sup_{z\in r_j}|f(z)-f(z_j)|<\frac{\varepsilon}{2L}(j=1,2,\cdots,n).$$

$$\tag{3.2.5}$$

接着,由于

$$\left|\int_C f(z)\mathrm{d}z-\int_P f(z)\mathrm{d}z\right|=\left|\sum_{j=1}^n\int_{\sigma_j}f(z)\mathrm{d}z-\sum_{j=1}^n\int_{r_j}f(z)\mathrm{d}z\right|$$

$$\leqslant\sum_{j=1}^n\left|\int_{\sigma_j}f(z)\mathrm{d}z-\int_{r_j}f(z)\mathrm{d}z\right|,$$

故我们对上式右端中的每一项,利用式(3.2.5)和

$$\int_{\sigma_j} f(z_j)\mathrm{d}z = f(z_j)(z_j - z_{j-1}) = \int_{r_j} f(z_j)\mathrm{d}z,$$

推得

$$\left|\int_{\sigma_j} f(z)\mathrm{d}z - \int_{r_j} f(z)\mathrm{d}z\right| \leqslant \left|\int_{\sigma_j} [f(z) - f(z_j)]\mathrm{d}z\right| + \left|\int_{r_j} [f(z) - f(z_j)]\mathrm{d}z\right|$$

$$\leqslant \sup_{z \in \sigma_j} |f(z) - f(z_j)| \cdot (\sigma_j \text{ 之长}) + \sup_{z \in r_j} |f(z) - f(z_j)| \cdot (r_j \text{ 之长}) < \frac{\varepsilon}{L} \cdot (\sigma_j \text{ 之}$$

长)，

所以，

$$\left|\int_C f(z)\mathrm{d}z - \int_P f(z)\mathrm{d}z\right| < \frac{\varepsilon}{L}\sum_{j=1}^{n}(\sigma_j \text{ 之长}) = \varepsilon.$$

(2)对于第三步(1)中作出的简单闭折线 P 应用第二步的结果知

$$\int_P f(z)\mathrm{d}z = 0,$$

从而由(1)的结果得

$$\left|\int_C f(z)\mathrm{d}z\right| < \varepsilon.$$

最后，由 ε 的任意性知，$\int_C f(z)\mathrm{d}z = 0$.

至此，柯西积分定理已经得到证明.

3.2.2　不定积分

由柯西积分定理可知，单连通区域 D 内解析函数 $f(z)$ 的积分值只与起点 z_0、终点 z_1 有关. 此时，我们可以将积分 $\int_C f(z)\mathrm{d}z$ 写成 $\int_{z_0}^{z_1} f(z)\mathrm{d}z$. 若固定 z_0，则积分 $\int_{z_0}^{z} f(\xi)\mathrm{d}\xi$ 是积分上限 z 的一个单值函数，记为

$$F(z) = \int_{z_0}^{z} f(\xi)\mathrm{d}\xi. \tag{3.2.6}$$

定理 3.2.2　设 $f(z)$ 在单连通区域 D 内解析，则由式(3.2.6)定义的函数 $F(z)$ 在 D 内解析，且 $F'(z) = f(z)$.

证明：$\forall z \in D$，作一个以 z 为圆心，以充分小的 ρ 为半径的圆 C_ρ，使得 $C_\rho \subset D$，在 C_ρ 内取动点 $z + \Delta z (\Delta z \neq 0)$，则

$$\frac{F(z + \Delta z) - F(z)}{\Delta z} = \frac{1}{\Delta z}\left[\int_{z_0}^{z+\Delta z} f(\xi)\mathrm{d}\xi - \int_{z_0}^{z} f(\xi)\mathrm{d}\xi\right].$$

由于积分与路径无关，因而我们可取 $\int_{z_0}^{z+\Delta z} f(\xi)\mathrm{d}\xi$ 的积分路径为：先由 z_0 沿与 $\int_{z_0}^{z} f(\xi)\mathrm{d}\xi$ 相同的路径到 z，再从 z 沿直线段到 $z + \Delta z$(见图 3-7)，从而有

$$\frac{F(z + \Delta z) - F(z)}{\Delta z} = \frac{1}{\Delta z}\int_{z}^{z+\Delta z} f(\xi)\mathrm{d}\xi.$$

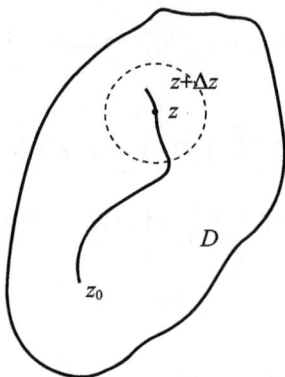

图 3-7

于是

$$\frac{F(z+\Delta z)-F(z)}{\Delta z}-f(z)=\frac{1}{\Delta z}\int_z^{z+\Delta z}f(\xi)\mathrm{d}\xi-\frac{1}{\Delta z}\int_z^{z+\Delta z}f(z)\mathrm{d}\xi$$

$$=\frac{1}{\Delta z}\int_z^{z+\Delta z}[f(\xi)-f(z)]\mathrm{d}\xi.$$

但已知 $f(z)$ 在 D 内连续,所以对 $\forall \varepsilon>0$,可取上述的 ρ 充分小,使得在 C_ρ 内的一切点 ξ 均有 $|f(\xi)-f(z)|<\varepsilon$,因此

$$\left|\frac{F(z+\Delta z)-F(z)}{\Delta z}-f(z)\right|=\left|\frac{1}{\Delta z}\int_z^{z+\Delta z}[f(\xi)-f(z)]\mathrm{d}\xi\right|<\varepsilon\left|\frac{\Delta z}{\Delta z}\right|=\varepsilon,$$

即有

$$F'(z)=\lim_{\Delta z\to 0}\frac{F(z+\Delta z)-F(z)}{\Delta z}=f(z).$$

实际上,由以上的证明过程我们可得到一个更一般的定理.

定理 3.2.3 设

(1) $f(z)$ 在单连通区域 D 内连续;

(2) $\int_C f(\xi)\mathrm{d}\xi$ 沿区域 D 内任一条围线 C 的积分为零,则函数 $F(z)=\int_{z_0}^z f(\xi)\mathrm{d}\xi$($z_0$ 为 D 内一定点)在 D 内解析,且 $F'(z)=f(z)$($z\in D$).

定义 3.2.1 设 $f(z)$ 在区域 D 内连续,则称满足条件 $[\varphi(z)]'=f(z)$($z\in D$)的函数 $\varphi(z)$ 为 $f(z)$ 的一个原函数.

显然,在定理 3.2.2 条件下,$F(z)=\int_{z_0}^z f(\xi)\mathrm{d}\xi$ 是 $f(z)$ 的一个原函数,且 $f(z)$ 的所有原函数都可以表示为 $\varphi(z)=F(z)+C$.事实上,设 $\varphi(z)$ 为 $f(z)$ 的任意一个原函数,则

$$[\varphi(z)-F(z)]'=f(z)-f(z)=0 \quad (z\in D).$$

因此,$\varphi(z)-F(z)=C$(C 为复常数),即

$$\varphi(z)=F(z)+C=\int_{z_0}^z f(\xi)\mathrm{d}\xi+C.$$

令 $z=z_0$，即得 $C=\varphi(z_0)$．因此我们得到

定理 3.2.4(牛顿-莱布尼茨公式)　在定理 3.2.2 或定理 3.2.3 的条件下，若 $\varphi(z)$ 为 $f(z)$ 的任意一个原函数，则

$$\int_{z_0}^{z} f(\xi)\mathrm{d}\xi = \varphi(z) - \varphi(z_0)\ (z_0,z \in D).$$

例 3.2.1　求 $\int_{0}^{2+\mathrm{i}} z^3 \mathrm{d}z$．

解：因为 z^3 在 z 平面上解析，$\dfrac{z^4}{4}$ 为 z^3 的一个原函数，由定理 3.2.4 即得

$$\int_{0}^{2+\mathrm{i}} z^3 \mathrm{d}z = \frac{z^4}{4}\bigg|_{0}^{2+\mathrm{i}} = \frac{1}{4}(2+\mathrm{i})^4.$$

例 3.2.2　求 $\int_{a}^{b} z\cos z^2 \mathrm{d}z$．

解：因为 $z\cos z^2$ 在平面上解析，且 $\dfrac{1}{2}\sin z^2$ 为它的一个原函数，故

$$\int_{a}^{b} z\cos z^2 \mathrm{d}z = \frac{1}{2}\sin z^2 \bigg|_{a}^{b} = \frac{1}{2}(\sin b^2 - \sin a^2).$$

3.2.3　柯西积分定理的推广

首先，容易证明柯西积分定理(定理 3.2.1)与以下定理是等价的：

定理 3.2.1*　设 C 是一条围线，D 是 C 的内部，$f(z)$ 在闭区域 $\overline{D}=D+C$ 上解析，则 $\displaystyle\int_C f(z)\mathrm{d}z = 0$．

其次，我们还可将定理 3.2.1 进一步推广为：

定理 3.2.5　设 C 是一条围线，D 是 C 的内部，$f(z)$ 在 D 内解析，在 $\overline{D}=D+C$ 上连续，则 $\displaystyle\int_C f(z)\mathrm{d}z = 0$．

定理 3.2.5 的条件常常简记为"内部解析，连续到边界"．该定理的严格证明比较麻烦，这里从略不证．

下面我们从另一个角度推广柯西积分定理，即将柯西积分定理从以一条(单)围线为边界的有界单连通区域推广到以多条围线组成的"复围线"为边界的有界多连通区域．

定义 3.2.2　考虑 $n+1$ 条围线 $C_0,C_1,\cdots,C_n$，其中 $C_1,\cdots,C_n$ 中的每一条都在其余各条的外部，而它们又全都在 C_0 的内部．在 C_0 的内部同时又在 $C_1,\cdots,C_n$ 外部的点集构成一个有界的多连通区域 D，它以 $C_0,C_1,\cdots,C_n$ 为边界．在这种情况下，我们称区域 D 的边界是一条复围线，记为 $C=C_0+C_1^-+\cdots+C_n^-$，其中 C_0 取正方向而 $C_1,C_2,\cdots,C_n$ 取负方向．换句话说，假如观察者沿复围线 C 的正方向绕行，区域 D 的点总在它的左手边．

定理 3.2.6(复围线柯西积分定理)　设 D 是由复围线 $C=C_0+C_1^-+\cdots+C_n^-$

所围成的有界多连通区域，$f(z)$ 在 D 内解析，在 $\overline{D}=D+C$ 上连续，则

$$\int_C f(z)\mathrm{d}z = 0,$$

或写成

$$\int_{C_0} f(z)\mathrm{d}z + \int_{C_1^-} f(z)\mathrm{d}z + \cdots + \int_{C_n^-} f(z)\mathrm{d}z = 0, \qquad (3.2.7)$$

或写成

$$\int_{C_0} f(z)\mathrm{d}z = \int_{C_1} f(z)\mathrm{d}z + \cdots + \int_{C_n} f(z)\mathrm{d}z. \qquad (3.2.8)$$

证明：取 $n+1$ 条互不相交且全在 D 内（端点除外）的光滑弧 $L_0, L_1, L_2, \cdots, L_n$ 作为割线. 用它们顺次地与 $C_0, C_1, \cdots, C_n$ 连接. 设想将 D 沿割线割破，于是 D 就被分成两个单连通区域（图 3-8 所示为 $n=2$ 的情形），其边界各是一条围线，分别记为 Γ_1 和 Γ_2.

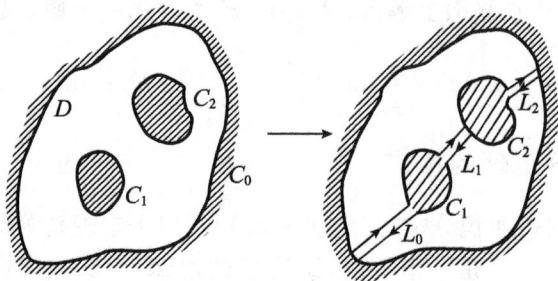

图 3-8

由定理 3.2.5 知

$$\int_{\Gamma_1} f(z)\mathrm{d}z = 0, \qquad \int_{\Gamma_2} f(z)\mathrm{d}z = 0.$$

将这两个等式相加，并注意到沿着 $L_0, L_1, L_2, \cdots, L_n$ 的积分，各从相反的两个方向取了一次，在相加的过程中互相抵消. 于是 $\int_C f(z)\mathrm{d}z = 0$，从而有式（3.2.7）和式（3.2.8）自然成立.

例 3.2.3 设 C 为一简单闭曲线，a 为 C 内任意一点，则 $\displaystyle\int_C \frac{1}{z-a}\mathrm{d}z = 2\pi\mathrm{i}$.

证明：作圆盘 $\Delta(a, r)$ 使得 $\overline{\Delta(a, r)}$ 完全含于 C 的内部，记 $C_r = \partial\Delta$，则函数 $\dfrac{1}{z-a}$ 在复围线 $C + C_r^-$ 内部解析且连续到边界. 因此，利用复围线柯西积分定理和重要例子，有

$$\int_C \frac{1}{z-a}\mathrm{d}z = \int_{C_r} \frac{1}{z-a}\mathrm{d}z = 2\pi\mathrm{i}.$$

3.3　柯西积分公式及其推论

3.3.1　柯西积分公式

定理 3.3.1(柯西积分公式)　设区域 D 的周界是单(或复)围线 C,$f(z)$ 在 D 内解析,在 $\overline{D}=D+C$ 上连续,则

$$f(z)=\frac{1}{2\pi\mathrm{i}}\int_C\frac{f(\xi)}{\xi-z}\mathrm{d}\xi\ (z\in D).\tag{3.3.1}$$

分析:证 $\left|\int_C\dfrac{f(\xi)}{\xi-z}\mathrm{d}\xi-2\pi\mathrm{i}f(z)\right|$ 可以任意小,从而式(3.3.1)成立.

证明:对于任意固定一点 $z\in D$,因为函数 $f(\xi)$ 在 $\xi=z$ 连续,所以对任意 $\varepsilon>0$,存在 $\delta>0$,满足 $\overline{\Delta(z,\delta)}\subset D$,使得只要 $\xi\in\overline{\Delta(z,\delta)}$,就有

$$|f(\xi)-f(z)|<\frac{\varepsilon}{2\pi}.\tag{3.3.2}$$

记 L_δ 为圆周 $|\xi-z|=\delta$,则当 $\xi\in L_\delta$ 时,式(3.3.2)仍成立.

而函数 $F(\xi)=\dfrac{f(\xi)}{\xi-z}$ 作为 ξ 的函数在 D 内除点 z 外处处解析,所以应用复围线柯西积分定理于函数 $F(\xi)$ 和复围线 $\Gamma=C+L_\delta$,有

$$\int_C\frac{f(\xi)}{\xi-z}\mathrm{d}\xi=\int_{L_\delta}\frac{f(\xi)}{\xi-z}\mathrm{d}\xi.\tag{3.3.3}$$

另一方面,由重要例子知 $\displaystyle\int_{L_\delta}\frac{f(z)}{\xi-z}\mathrm{d}\xi=2\pi\mathrm{i}f(z)$,进而由式(3.3.2)和式(3.3.3)推得

$$
\begin{aligned}
\left|\int_C\frac{f(\xi)}{\xi-z}\mathrm{d}\xi-2\pi\mathrm{i}f(z)\right|&=\left|\int_{L_\delta}\frac{f(\xi)}{\xi-z}\mathrm{d}\xi-2\pi\mathrm{i}f(z)\right|\\
&=\left|\int_{L_\delta}\frac{f(\xi)}{\xi-z}\mathrm{d}\xi-\int_{L_\delta}\frac{f(z)}{\xi-z}\mathrm{d}\xi\right|=\left|\int_{L_\delta}\frac{f(\xi)-f(z)}{\xi-z}\mathrm{d}\xi\right|\\
&<\frac{\varepsilon}{2\pi}\cdot\frac{1}{\delta}\cdot2\pi\delta=\varepsilon.
\end{aligned}
$$

最后由 ε 的任意性知,式(3.3.1)成立.

例 3.3.1　求 $\displaystyle\int_C\frac{\xi}{(9-\xi^2)(\xi+\mathrm{i})}\mathrm{d}\xi$,其中 C 为圆周 $|\xi|=2$.

解:因为 $f(\xi)=\dfrac{\xi}{9-\xi^2}$ 在闭圆盘 $|\xi|\leqslant2$ 上解析.所以由柯西积分公式得

$$\int_C\frac{\xi}{(9-\xi^2)(\xi+\mathrm{i})}\mathrm{d}\xi=\int_C\frac{\dfrac{\xi}{9-\xi^2}}{(\xi+\mathrm{i})}\mathrm{d}\xi=2\pi\mathrm{i}\frac{\xi}{9-\xi^2}\Big|_{\xi=-\mathrm{i}}=\frac{\pi}{5}.$$

当定理 3.3.1 中的区域 D 为圆域时,我们可得到解析函数的平均值定理.

定理 3.3.2　若函数 $f(\xi)$ 在圆 $|\xi-z_0|<r$ 内解析,在闭圆 $|\xi-z_0|\leqslant r$ 上连

续,则

$$f(z_0) = \frac{1}{2\pi} \int_0^{2\pi} f(z_0 + re^{i\theta}) \mathrm{d}\theta,$$

即 $f(\xi)$ 在圆心 z_0 的值等于它在圆周上的值的算术平均值.

证明:设 C 表示圆周 $|\xi - z_0| = r$,则当 $\xi \in C$ 时,

$$\xi - z_0 = re^{i\theta} (0 \leqslant \theta \leqslant 2\pi).$$

此时,$\mathrm{d}\xi = i \cdot re^{i\theta} \mathrm{d}\theta$. 根据柯西积分公式得

$$f(z_0) = \frac{1}{2\pi i} \int_C \frac{f(\xi)}{\xi - z_0} \mathrm{d}\xi$$

$$= \frac{1}{2\pi i} \int_0^{2\pi} \frac{f(z_0 + re^{i\theta})}{re^{i\theta}} ire^{i\theta} \mathrm{d}\theta = \frac{1}{2\pi} \int_0^{2\pi} f(z_0 + re^{i\theta}) \mathrm{d}\theta.$$

3.3.2 解析函数的无穷可微性

我们将柯西积分公式(3.3.1)形式地在积分号下求导后得

$$f'(z) = \frac{1}{2\pi i} \int_C \frac{f(\xi)}{(\xi - z)^2} \mathrm{d}\xi \ (z \in D),$$

再求导一次得

$$f''(z) = \frac{2!}{2\pi i} \int_C \frac{f(\xi)}{(\xi - z)^3} \mathrm{d}\xi \ (z \in D).$$

一般地,我们有下面导数柯西积分公式.

定理 3.3.3(柯西高阶导数公式) 在定理 3.3.1 的条件下,函数 $f(z)$ 在区域 D 内有各阶导数,且有

$$f^{(n)}(z) = \frac{n!}{2\pi i} \int_C \frac{f(\xi)}{(\xi - z)^{n+1}} \mathrm{d}\xi \quad (z \in D, n = 1, 2, \cdots).$$

证明:先证当 $n = 1$ 时定理成立. 由 $f(z)$ 的积分表示式(3.3.1)得

$$\frac{f(z + \Delta z) - f(z)}{\Delta z} = \frac{1}{\Delta z} \left[\frac{1}{2\pi i} \int_C \frac{f(\xi)}{\xi - z - \Delta z} \mathrm{d}\xi - \frac{1}{2\pi i} \int_C \frac{f(\xi)}{\xi - z} \mathrm{d}\xi \right]$$

$$= \frac{1}{2\pi i} \int_C \frac{f(\xi)}{(\xi - z)(\xi - z - \Delta z)} \mathrm{d}\xi,$$

因此,

$$\left| \frac{f(z + \Delta z) - f(z)}{\Delta z} - \frac{1}{2\pi i} \int_C \frac{f(\xi)}{(\xi - z)^2} \mathrm{d}\xi \right| \quad (\text{欲证} |\Delta z| \text{充分小时,此式可任意小})$$

$$= \left| \frac{1}{2\pi i} \int_C \frac{f(\xi)}{(\xi - z)(\xi - z - \Delta z)} \mathrm{d}\xi - \frac{1}{2\pi i} \int_C \frac{f(\xi)}{(\xi - z)^2} \mathrm{d}\xi \right|$$

$$= \left| \frac{1}{2\pi i} \int_C \frac{\Delta z \cdot f(\xi)}{(\xi - z)^2 (\xi - z - \Delta z)} \mathrm{d}\xi \right|.$$

由定理 3.3.1 的条件知,$\exists M > 0$,使得 $\forall \xi \in C$ 均有 $|f(\xi)| < M$. 设 d 表示点 z 到围线 C 的最小距离(某正数). 于是,在限制 $0 < |\Delta z| < \dfrac{d}{2}$ 后,当 $\xi \in C$ 时,有

$$|\xi-z|\geqslant d,\ |\xi-z-\Delta z|\geqslant|\xi-z|-|\Delta z|>\frac{d}{2}.$$

于是,

$$\left|\frac{1}{2\pi i}\int_C\frac{\Delta z\cdot f(\xi)}{(\xi-z)^2(\xi-z-\Delta z)}\mathrm{d}\xi\right|=|\Delta z|\cdot\left|\frac{1}{2\pi i}\int_C\frac{f(\xi)}{(\xi-z)^2(\xi-z-\Delta z)}\mathrm{d}\xi\right|$$

$$\leqslant|\Delta z|\cdot\frac{1}{2\pi}\cdot\frac{M}{d^2\cdot\frac{d}{2}}\cdot L=\frac{|\Delta z|\cdot ML}{\pi d^3},$$

这里 L 为围线 C 的长度. 故对 $\forall\varepsilon>0$,$\exists\delta=\min\left\{\dfrac{d}{2},\dfrac{\pi d^3}{ML}\varepsilon\right\}>0$,当 $0<|\Delta z|<\delta$ 时,有

$$\left|\frac{f(z+\Delta z)-f(z)}{\Delta z}-\frac{1}{2\pi i}\int_C\frac{f(\xi)}{(\xi-z)^2}\mathrm{d}\xi\right|\leqslant\frac{|\Delta z|\cdot ML}{\pi d^3}<\varepsilon.$$

即

$$f'(z)=\lim_{\Delta z\to0}\frac{f(z+\Delta z)-f(z)}{\Delta z}=\frac{1}{2\pi i}\int_C\frac{f(\xi)}{(\xi-z)^2}\mathrm{d}\xi.$$

于是,当 $n=1$ 时定理成立.

要完成定理的证明,只要用数学归纳法即可. 假设 $n=k$ 时定理成立,要证明当 $n=k+1$ 时定理也成立,其证明方法与过程类似于 $n=1$ 的情形,只是稍微复杂一些,故略去不证.

例 3.3.2 计算 $\displaystyle\int_C\frac{\cos z}{(z-i)^3}\mathrm{d}z$,其中 C 为绕 i 一周的围线.

解:因为 $\cos z$ 在 z 平面上解析,故应用导数柯西积分公式得

$$\int_C\frac{\cos z}{(z-i)^3}\mathrm{d}z=\frac{2\pi i}{2!}(\cos z)''\Big|_{z=i}=-\pi i\cos i=-\pi i\cdot\frac{e+e^{-1}}{2}.$$

由定理 3.3.3,我们可得到解析函数的无穷可微性:

定理 3.3.4 设 $f(z)$ 在区域 D 内解析,则 $f(z)$ 在 D 内具有各阶导数,并且它们也都在 D 内解析.

证明:$\forall z_0\in D$,作圆盘 $\Delta(z_0,r)$ 使得 $\overline{\Delta(z_0,r)}\subset D$,则由定理 3.3.3 知,$f(z)$ 在此圆内有各阶导数,特别地,$f(z)$ 在 z_0 有各阶导数,再由 z_0 的任意性即推得 $f(z)$ 在 D 内有各阶导数.

定理 3.3.4 说明,只要 $f(z)$ 在区域 D 内解析(仅假设 $f'(z)$ 在 D 内存在),就可推出 $f(z)$ 的各阶导数在 D 内存在且连续,而数学分析中的实函数并没有这种性质.

3.3.3 柯西不等式与刘维尔定理

利用定理 3.3.3,我们可以得到一个重要的导数估计式.

定理 3.3.5(柯西不等式) 设 $f(z)$ 在区域 D 内解析,$a\in D$,$\overline{\Delta(a,R)}\subset D$,则

$$|f^{(n)}(a)|\leqslant\frac{n!\ M(R)}{R^n}\quad(n=1,2,\cdots),$$

其中 $M(R) = \max\limits_{|z-a|=R} |f(z)|$.

证明：应用定理 3.3.3 于 $\overline{\Delta(a,R)}$ 上，则对任意正整数 n，有

$$|f^{(n)}(a)| = \left| \frac{n!}{2\pi i} \int_{|\xi-a|=R} \frac{f(\xi)}{(\xi-a)^{n+1}} d\xi \right| \leqslant \frac{n!}{2\pi} \cdot \frac{M(R)}{R^{(n+1)}} \cdot 2\pi R = \frac{n! M(R)}{R^n}.$$

由柯西不等式，我们又可得到：

刘维尔(Liouville)定理：z 平面上解析且有界的函数 $f(z)$ 必为常数.

证明：设 $|f(z)| \leqslant M$ $(z \in \mathbb{C})$，则对 $\forall R > 0$，柯西不等式中的 $M(R)$ 均有 $M(R) \leqslant M$，于是在柯西不等式中取 $n=1$，则有 $|f'(z)| \leqslant \dfrac{M}{R}$. 令 $R \to \infty$，即得 $f'(z) = 0 (z \in \mathbb{C})$，故 $f(z)$ 在 z 平面上恒为常数.

下面，我们利用刘维尔定理来简洁地证明代数基本定理.

代数基本定理：在 z 平面上，$n(\geqslant 1)$ 次多项式

$$p(z) = a_n z^n + a_{n-1} z^{n-1} + \cdots + a_1 z + a_0 (a_n \neq 0)$$

至少有一个零点.

证明：假设 $p(z)$ 在 z 平面上无零点. 由于 $p(z)$ 在 z 平面上解析，从而 $\dfrac{1}{p(z)}$ 在 z 平面上也是解析的. 其次，由于

$$\lim_{z \to \infty} \frac{1}{p(z)} = \lim_{z \to \infty} \frac{1}{z^n} \cdot \frac{1}{a_n + \dfrac{a_{n-1}}{z} + \cdots + \dfrac{a_1}{z^{n-1}} + \dfrac{a_0}{z^n}} = 0,$$

于是，$\exists R > 0$，使得当 $|z| > R$ 时有 $\left| \dfrac{1}{p(z)} \right| < 1$. 又因为 $\dfrac{1}{p(z)}$ 在 $|z| \leqslant R$ 上连续，故 $\exists M > 0$，使得 $\left| \dfrac{1}{p(z)} \right| \leqslant M (|z| \leqslant R)$，从而 $\dfrac{1}{p(z)}$ 在 z 平面上解析且有界（可取 $M+1$），因此根据刘维尔定理，$\dfrac{1}{p(z)}$ 为常数，从而 $p(z)$ 亦为常数，但这与 $p(z)$ 为 n $(\geqslant 1)$ 次多项式矛盾.

3.3.4 摩勒拉定理

柯西积分定理说明，只要 $f(z)$ 在单连通区域 D 内解析，则对 D 内任一围线 C 均有 $\int_C f(z) dz = 0$，我们现在证明其逆也是正确的.

摩勒拉(Morera)定理：设函数 $f(z)$ 在单连通区域 D 内连续，且对 D 内任一围线 C，有

$$\int_C f(z) dz = 0,$$

则 $f(z)$ 在 D 内解析.

证明：在假设条件下，由定理 3.2.2 知，函数 $F(z) = \int_{z_0}^{z} f(\xi) d\xi (z_0 \in D)$ 在 D

内解析,且 $F'(z)=f(z)(z\in D)$,再由定理 3.3.4 知,$F'(z)$ 在 D 内还是解析的,此即说明 $f(z)$ 在 D 内解析.

摩勒拉定理从另一方面刻画了解析函数的性质,因此亦可用它作为解析函数的等价定义.

3.4　解析函数与调和函数的关系

我们已经证明了在区域 D 内解析的函数 $f(z)=u+iv$ 具有任何阶的导数.因此,在区域 D 内它的实部 u 与虚部 v 都有二阶连续偏导数.现在我们来研究应该如何选择 u 与 v 才能使函数 $u+iv$ 在区域 D 内解析.

设 $f(z)=u+iv$ 在区域 D 内解析,则由 C-R 方程

$$\frac{\partial u}{\partial x}=\frac{\partial v}{\partial y},\quad \frac{\partial u}{\partial y}=-\frac{\partial v}{\partial x},$$

得

$$\frac{\partial^2 u}{\partial x^2}=\frac{\partial^2 v}{\partial x\,\partial y},\quad \frac{\partial^2 u}{\partial y^2}=-\frac{\partial^2 v}{\partial y\,\partial x}.$$

因 $\frac{\partial^2 v}{\partial x\,\partial y}$ 与 $\frac{\partial^2 v}{\partial y\,\partial x}$ 在 D 内连续,它们必定相等,故在 D 内有

$$\frac{\partial^2 u}{\partial x^2}+\frac{\partial^2 u}{\partial y^2}=0.$$

同理,在 D 内有

$$\frac{\partial^2 v}{\partial x^2}+\frac{\partial^2 v}{\partial y^2}=0.$$

即解析函数的实部 u 与虚部 v 在 D 内满足拉普拉斯(Laplace)方程

$$\Delta u=0,\Delta v=0.$$

这里 $\Delta\equiv\frac{\partial^2}{\partial x^2}+\frac{\partial^2}{\partial y^2}$ 是一种运算记号,称为**拉普拉斯算子**.

定义 3.4.1　如果二元实函数 $H(x,y)$ 在区域 D 内有二阶连续偏导数,且满足拉普拉斯方程 $\Delta H=0$,则称 $H(x,y)$ 为区域 D 内的**调和函数**.

调和函数常出现在诸如流体力学、电学、磁学等实际问题中.

定义 3.4.2　在区域 D 内满足 C-R 方程

$$\frac{\partial u}{\partial x}=\frac{\partial v}{\partial y},\quad \frac{\partial u}{\partial y}=-\frac{\partial v}{\partial x}$$

的两个调和函数 u,v 中,称 v 为 u 在区域 D 内的共轭调和函数.

由上面的讨论,我们已经证明了下面定理.

定理 3.4.1　若 $f(z)=u(x,y)+iv(x,y)$ 在区域 D 内解析,则在区域 D 内 $v(x,y)$ 必为 $u(x,y)$ 的共轭调和函数.

反过来,若 u,v 是任意选取的在区域 D 内调和的两个函数,则 $u+iv$ 在 D 内

就不一定解析. 因为要想 $u+\mathrm{i}v$ 在区域 D 内解析, u 与 v 还必须满足 C-R 方程, 即 v 必须是 u 的共轭调和函数.

现在本节开头提出的问题就转化为如何从一个已知调和函数 $u(x,y)$ 出发求出它的共轭调和函数 $v(x,y)$.

假设 D 是一个单连通区域, $u(x,y)$ 是区域 D 内的调和函数, 则 $u(x,y)$ 在 D 内有二阶连续偏导数, 且 $\dfrac{\partial^2 u}{\partial x^2}+\dfrac{\partial^2 u}{\partial y^2}=0$. 这表明 $-\dfrac{\partial u}{\partial y}$ 与 $\dfrac{\partial u}{\partial x}$ 在 D 内有一阶连续偏导数, 且满足

$$\frac{\partial}{\partial y}\left(-\frac{\partial u}{\partial y}\right)=\frac{\partial}{\partial x}\left(\frac{\partial u}{\partial x}\right).$$

由数学分析的曲线积分理论知, $-\dfrac{\partial u}{\partial y}\mathrm{d}x+\dfrac{\partial u}{\partial x}\mathrm{d}y$ 是某二元函数 $v(x,y)$ 的全微分, 并且该二元函数不仅可以写成

$$v(x,y)=\int_{(x_0,y_0)}^{(x,y)}\left(-\frac{\partial u}{\partial y}\mathrm{d}x+\frac{\partial u}{\partial x}\mathrm{d}y\right)+C, \qquad (3.4.1)$$

其中 (x_0,y_0) 是 D 内的某定点, (x,y) 是 D 内的动点, C 是任意常数, 而且满足

$$\frac{\partial v}{\partial x}=-\frac{\partial u}{\partial y}, \qquad \frac{\partial v}{\partial y}=\frac{\partial u}{\partial x}.$$

这表明式 (3.4.1) 中的 $v(x,y)$ 就是我们要找的共轭调和函数, 它使得 $f(z)=u+\mathrm{i}v$ 为区域 D 内的解析函数.

定理 3.4.2 设 $u(x,y)$ 是在单连通区域 D 内的调和函数, 则存在由式 (3.4.1) 所确定的函数 $v(x,y)$, 使得 $f(z)=u+\mathrm{i}v$ 是区域 D 内的解析函数.

注: (1) 如单连通区域 D 包含原点, 则式 (3.4.1) 中的 (x_0,y_0) 一般取成原点 $(0,0)$;

(2) 如果区域 D 是非单连通区域, 则式 (3.4.1) 可能规定一个多值函数.

(3) 公式 (3.4.1) 不必强记, 可以从 $\mathrm{d}v(x,y)=v_x\mathrm{d}x+v_y\mathrm{d}y$ 出发, 根据 C-R 方程推出

$$\mathrm{d}v(x,y)=-u_y\mathrm{d}x+u_x\mathrm{d}y,$$

最后两端积分之.

例 3.4.1 先验证 $u(x,y)=x^3-3xy^2$ 是 z 平面上的调和函数, 然后求以 $u(x,y)$ 为实部的解析函数 $f(z)$, 使之满足 $f(0)=\mathrm{i}$.

解: 由于

$$u_x=3x^2-3y^2, \quad u_y=-6xy, \quad u_{xx}=6x, \quad u_{yy}=-6x,$$

故 $u(x,y)$ 是 z 平面上的调和函数.

下面给出两种求共轭调和函数的方法.

方法 1: 直接用公式 (3.4.1). 选取的积分路径为 $(0,0)\rightarrow(x,0)\rightarrow(x,y)$, 则

$$v(x,y)=\int_{(0,0)}^{(x,0)}[6xy\mathrm{d}x+(3x^2-3y^2)\mathrm{d}y]+\int_{(x,0)}^{(x,y)}[6xy\mathrm{d}x+(3x^2-3y^2)\mathrm{d}y]+C$$

$$= \int_0^y (3x^2 - 3y^2)\mathrm{d}y + C = 3x^2 y - y^3 + C.$$

故

$$f(z) = u + \mathrm{i}v = (x^3 - 3xy^2) + \mathrm{i}(3x^2 y - y^3 + C) = (x + \mathrm{i}y)^3 + \mathrm{i}C = z^3 + \mathrm{i}C.$$

要 $f(0) = \mathrm{i}$,必有 $C = 1$.因此,所求的解析函数为 $f(z) = z^3 + \mathrm{i}$.

方法 2:先由 C-R 方程中的一个等式 $v_y = u_x$ 出发,得

$$v_y = 3x^2 - 3y^2.$$

于是,

$$v = 3x^2 y - y^3 + \varphi(x).$$

再由 C-R 方程中的另一个等式 $v_x = -u_y$,得

$$v_x = 6xy + \varphi'(x) = 6xy.$$

从而有 $\varphi'(x) \equiv 0$,进而 $\varphi(x) = C$.因此,

$$v(x, y) = 3x^2 y - y^3 + C.$$

最后,同方法 1 一样,求得 $f(z) = z^3 + \mathrm{i}$.

习 题 三

1.计算积分 $\displaystyle\int_C (x - y + \mathrm{i}x^2)\mathrm{d}z$,积分路径 C 是连接原点到 $1 + \mathrm{i}$ 的直线段.

2.计算 $\displaystyle\int_{-1}^1 |z| \mathrm{d}z$,积分路径 C 分别是:

(1) -1 到 1 的直线段;

(2) 上半单位圆周;

(3) 下半单位圆周.

3.证明 $\left| \displaystyle\int_C (x^2 + \mathrm{i}y^2)\mathrm{d}z \right| \leqslant 2$,其中 C 是连接 $-\mathrm{i}$ 到 i 的直线段.

4.不用计算,验证积分 $\displaystyle\int_C \frac{\mathrm{d}z}{\cos z}$ 与 $\displaystyle\int_C \frac{\mathrm{d}z}{z^2 + 2z + 2}$ 等于零,其中 $C: |z| = 1$.

5.设函数 $f(z)$ 在 $0 < |z| < 1$ 内解析,且沿任何圆周 $C: |z| = r (0 < r < 1)$ 的积分值为零.问函数 $f(z)$ 是否必须在 $z = 0$ 处解析?试举例说明之.

6.先计算积分 $\displaystyle\int_{C: |z| = 1} \frac{\mathrm{d}z}{z + 2}$,然后证明 $\displaystyle\int_0^\pi \frac{1 + 2\cos\theta}{5 + 4\cos\theta} = 0$.

7.先分别计算 $\displaystyle\int_{|z| = 1} \frac{\mathrm{e}^z \mathrm{d}z}{z^2 + 6z + 8}$ 与 $\displaystyle\int_{|z| = 3} \frac{\mathrm{e}^z \mathrm{d}z}{z^2 + 6z + 8}$,然后比较两者的不同.

8.设 $C: |z| = 2$,先说明积分 $\displaystyle\int_C \frac{\sin\frac{\pi}{4}z \mathrm{d}z}{z^2 - 1}$ 的被积函数在 $|z| < 2$ 时的解析性,然后求之.

9. 设 $C: |z| = 2$，计算 $\int_C \dfrac{2z^2 - z + 1}{z - 1} dz$ 及 $\int_C \dfrac{2z^2 - z + 1}{(z - 1)^2} dz$.

10. 设 $C: x^2 + y^2 = 3$，$f(z) = \int_C \dfrac{3\xi^2 + 7\xi + 1}{(\xi - z)^2} d\xi$，求 $f'(1 + i)$.

11. 设 $f(z)$ 在 z 平面上解析，且 $|f(z)|$ 恒大于一正的常数，试证 $f(z)$ 为常数.

12. 设调和函数 $u = x^2 + xy - y^2$，求解析函数 $f(z) = u + iv$，使之满足 $f(i) = -1 + i$.

13*. 设在区域 $D = \left\{ z : |\arg z| < \dfrac{\pi}{2} \right\}$ 内的单位圆周 $|z| = 1$ 上任取一点 z，用 D 内曲线 C 连接原点与 z，试证：$\operatorname{Re}\int_C \dfrac{dz}{1 + z^2} = \dfrac{\pi}{4}$.

14*. 设在 $|z| \leqslant 1$ 上函数 $f(z)$ 解析，且 $|f(z)| \leqslant 1$，试证：$|f'(0)| \leqslant 1$.

15*. 如果函数 $f(z)$ 在 $|z - z_0| > r_0$ 内解析并且 $\lim\limits_{r \to \infty} z f(z) = A$，那么对任何正数 $r > r_0$ 有

$$\frac{1}{2\pi i} \int_{K_r} f(z) dz = A,$$

其中 $K_r = \{ z : |z - z_0| = r \}$.

第4章 复级数

本章将介绍复级数的敛散性、复函数项级数、幂级数等概念,重点介绍解析函数的幂级数展开式,由此导出零点的孤立性、唯一性定理以及最大模原理等体现解析函数独特性质的重要结果.

4.1 复级数的基本性质

4.1.1 复数项级数

定义 4.1.1 称形式和

$$\sum_{n=1}^{\infty} z_n = z_1 + z_2 + \cdots + z_n + \cdots \tag{4.1.1}$$

为**复数项级数**,简称**复级数**或**级数**,其中 $z_n(n=1,2,\cdots)$ 为复数.

定义 4.1.2 对于复数项级数(4.1.1),设

$$s_n = \sum_{k=1}^{n} z_n = z_1 + z_2 + \cdots + z_n.$$

若 $\lim\limits_{n\to\infty} s_n$ 存在,则称级数(4.1.1)**收敛**,否则为**发散**.

据此定义,我们立即推出,若级数(4.1.1)收敛,则

$$\lim_{n\to\infty} z_n = \lim_{n\to\infty}(s_n - s_{n-1}) = 0.$$

其次,由复数的性质容易推得:

定理 4.1.1 设 $z_n = a_n + ib_n (n \in \mathbb{Z}^+)$,则级数 $\sum\limits_{n=1}^{\infty} z_n$ 收敛的充要条件是级数 $\sum\limits_{n=1}^{\infty} a_n$ 与 $\sum\limits_{n=1}^{\infty} b_n$ 均收敛. 此时,$\sum\limits_{n=1}^{\infty} z_n = \sum\limits_{n=1}^{\infty} a_n + i\sum\limits_{n=1}^{\infty} b_n.$

复级数具有与实级数完全相同的基本性质.

定理 4.1.2(复级数的柯西收敛准则) 级数(4.1.1)收敛的充要条件是:$\forall \varepsilon > 0$,$\exists N$,使得当 $n > N$ 及 $\forall p \in \mathbb{Z}^+$,均有

$$\left| \sum_{k=1}^{p} z_{n+k} \right| = |z_{n+1} + \cdots + z_{n+p}| < \varepsilon.$$

定义 4.1.3 若级数 $\sum\limits_{n=1}^{\infty} |z_n|$ 收敛,则称级数 $\sum\limits_{n=1}^{\infty} z_n$ **绝对收敛**.

定理 4.1.3 设 $z_n = a_n + ib_n (n \in \mathbb{Z}^+)$,则级数(4.1.1)绝对收敛的充要条件是:

级数 $\sum\limits_{n=1}^{\infty} a_n$ 及 $\sum\limits_{n=1}^{\infty} b_n$ 绝对收敛.

证明：由关系式 $\sum\limits_{n=1}^{\infty} |a_n|, \sum\limits_{n=1}^{\infty} |b_n| \leqslant \sum\limits_{n=1}^{\infty} |z_n| \leqslant \sum\limits_{n=1}^{\infty} |a_n| + \sum\limits_{n=1}^{\infty} |b_n|$ 可立即推得.

此外,由定理 4.1.2 可知,若级数绝对收敛,则它必收敛.

例 4.1.1 对于级数 $\sum\limits_{n=1}^{\infty} z^n$, 当 $|z| < 1$ 时,由于

$$s_n = \sum_{k=1}^{n} z^k = 1 + z + \cdots + z^n = \frac{1-z^{n+1}}{1-z}, \lim_{n\to\infty} |z|^{n+1} = 0,$$

于是 $\lim\limits_{n\to\infty} s_n = \frac{1}{1-z}$. 因此级数 $\sum\limits_{n=1}^{\infty} z^n(|z| < 1)$ 收敛且有

$$\sum_{n=1}^{\infty} z^n = \frac{1}{1-z} \quad (|z| < 1).$$

显然,当 $|z| < 1$ 时,级数 $\sum\limits_{n=1}^{\infty} z^n$ 亦为绝对收敛的级数.

4.1.2 复函数项级数

定义 4.1.4 设函数 $f_n(z)(n=1,2,\cdots)$ 在复平面点集 E 上有定义,则称级数

$$\sum_{n=1}^{\infty} f_n(z) = f_1(z) + \cdots + f_n(z) + \cdots \tag{4.1.2}$$

为定义在 E 上的复函数项级数.

定义 4.1.5 设函数 $f(z)$ 在 E 上有定义,如果 $\forall z \in E$,级数(4.1.2)均收敛于 $f(z)$,则称级数(4.1.2)收敛于 $f(z)$,或者说级数(4.1.2)有和函数 $f(z)$,记作

$$f(z) = \sum_{n=1}^{\infty} f_n(z).$$

定义 4.1.6 如果 $\forall \varepsilon > 0$, $\exists N = N(\varepsilon)$,使得当 $n > N$ 时,对一切 $z \in E$,均有

$$\left| \sum_{k=1}^{n} f_k(z) - f(z) \right| < \varepsilon,$$

则称级数(4.1.2)在 E 上一致收敛于 $f(z)$.

与定理 4.1.2 类似地,我们有

定理 4.1.4(柯西一致收敛准则) 级数(4.1.2)在 E 上一致收敛的充要条件是：

$\forall \varepsilon > 0$, $\exists N = N(\varepsilon)$,使得当 $n > N$ 时,对一切 $z \in E$ 及 $\forall p \in \mathbb{Z}^+$,均有

$$|f_{n+1}(z) + \cdots + f_{n+p}(z)| < \varepsilon.$$

由此我们立即得到一种常用的一致收敛判别法.

定理 4.1.5(魏尔斯特拉斯 M 判别法) 设 $f_n(z)(n=1,2,\cdots)$ 在点集 E 上有定义,若

$$|f_n(z)| \leqslant a_n (n = 1, 2, \cdots) \text{ 且 } \sum_{n=1}^{\infty} a_n \text{ 收敛,}$$

则级数(4.1.2)在 E 上一致收敛.

与实级数一样,不难证明以下定理.

定理 4.1.6　设 $f_n(z)(n=1,2,\cdots)$ 在复平面点集 E 上连续,级数(4.1.2)在 E 上一致收敛于 $f(z)$,则 $f(z)$ 在 E 上连续.

定理 4.1.7　设 $f_n(z)(n=1,2,\cdots)$ 在简单曲线 C 上连续,级数(4.1.2)在 C 上一致收敛于 $f(z)$,则

$$\sum_{n=1}^{\infty} \int_C f_n(z) \mathrm{d}z = \int_C f(z) \mathrm{d}z.$$

对于复函数项级数的逐项求导问题,我们考虑解析函数项级数. 首先,引入下面定义.

定义 4.1.7　设函数 $f_n(z)(n=1,2,\cdots)$ 在区域 D 内解析,如果级数 $\sum_{n=1}^{\infty} f_n(z)$ 在 D 内任一有界闭区域上一致收敛于函数 $f(z)$,则称级数 $\sum_{n=1}^{\infty} f_n(z)$ 在 D 内闭一致收敛于 $f(z)$.

定理 4.1.8(魏尔斯特拉斯定理)　设函数 $f_n(z)(n=1,2,\cdots)$ 在区域 D 内解析,级数 $\sum_{n=1}^{\infty} f_n(z)$ 在 D 内闭一致收敛于函数 $f(z)$,则 $f(z)$ 在 D 内解析,且在 D 内成立

$$f^{(k)}(z) = \sum_{n=1}^{\infty} f_n^{(k)}(z) \quad (k = 1, 2, \cdots).$$

证明:首先用摩勒拉定理证明 $f(z)$ 的解析性. 设 $\forall z_0 \in D$,作单连通区域 $\Delta(z_0, r) \subset D$. 对于 $\Delta(z_0, r)$ 内的任一围线 C,由 $f_n(z)$ 的解析性及柯西积分定理知,$\int_C f_n(z)\mathrm{d}z = 0$,再由级数在 C 上一致收敛于 $f(z)$ 及定理 4.1.7 得

$$\int_C f(z)\mathrm{d}z = \sum_{n=1}^{\infty} \int_C f_n(z)\mathrm{d}z = 0.$$

于是,应用摩勒拉定理知,$f(z)$ 在 $\Delta(z_0, r)$ 内解析. 最后由 z_0 的任意性推得 $f(z)$ 在 D 内解析.

其次,不妨设 $\Delta(z_0, r)$ 的边界 $C_r \subset D$,则由已知条件知,$\sum_{n=1}^{\infty} f_n(z)$ 在 C_r 上一致收敛于 $f(z)$,从而 $\sum_{n=1}^{\infty} \dfrac{f_n(z)}{(z-z_0)^{k+1}}$ 在 C_r 上一致收敛于 $\dfrac{f(z)}{(z-z_0)^{k+1}}$. 于是,再次应用定理 4.1.7 得

$$\frac{k!}{2\pi\mathrm{i}} \int_{C_r} \frac{f(z)}{(z-z_0)^{k+1}} \mathrm{d}z = \sum_{n=1}^{\infty} \int_{C_r} \frac{k!}{2\pi\mathrm{i}} \frac{f_n(z)}{(z-z_0)^{k+1}} \mathrm{d}z,$$

即

$$f^{(k)}(z_0) = \sum_{n=1}^{\infty} f_n^{(k)}(z_0) \quad (k=1,2,\cdots).$$

至此,定理得证.

4.2 幂级数

定义 4.2.1 形如

$$\sum_{n=0}^{\infty} a_n(z-z_0)^n = a_0 + a_1(z-z_0) + \cdots + a_n(z-z_0)^n + \cdots \quad (4.2.1)$$

的级数称为幂级数,其中 z 是复变量,$a_n(n=0,1,2,\cdots)$ 是复常数.

特别地,当 $z_0 = 0$ 时,幂级数(4.2.1)就变为

$$\sum_{n=0}^{\infty} a_n z^n = a_0 + a_1 z + \cdots + a_n z^n + \cdots. \quad (4.2.2)$$

幂级数在复变函数论中有着特殊重要意义,是研究解析函数的重要工具.由于幂级数(4.2.1)与幂级数(4.2.2)只在形式上有稍微差异,因此我们以幂级数(4.2.2)为主要研究对象.

首先研究幂级数(4.2.2)的收敛性.显然,当 $z=0$ 时,幂级数(4.2.2)总是收敛的.

一般情况下,我们有下述定理.

定理 4.2.1(阿贝尔定理) 如果幂级数(4.2.2)在 $z_1(\neq 0)$ 收敛,则它必在圆域 $\Delta(0,|z_1|)$ 内绝对收敛且内闭一致收敛.

证明: 因为幂级数(4.2.2)在 z_1 收敛,所以 $\lim\limits_{n \to \infty} a_n z_1^n = 0$,从而 $\exists\, M > 0$,使得

$$|a_n z_1^n| \leqslant M \quad (n=0,1,2,\cdots).$$

其次,幂级数(4.2.2)可写成

$$\sum_{n=0}^{\infty} a_n z_1^n \cdot \left(\frac{z}{z_1}\right)^n,$$

因此,对任意 $z \in \Delta(0,|z_1|)$,有

$$|a_n z^n| = |a_n z_1^n|\,\left|\frac{z}{z_1}\right|^n \leqslant M \cdot \left|\frac{z}{z_1}\right|^n = M \cdot k^n \left(0 < k = \left|\frac{z}{z_1}\right| < 1\right).$$

由于级数 $\sum\limits_{n=0}^{\infty} Mk^n$ 收敛,故幂级数(4.2.2)在 $\Delta(0,|z_1|)$ 内绝对收敛.

为证幂级数(4.2.2)在 $\Delta(0,|z_1|)$ 内闭一致收敛,只需证级数可在任意 $\overline{\Delta(0,\rho)}$ $(0 < \rho < |z_1|)$ 上一致收敛.此时,对任意 $z \in \overline{\Delta(0,\rho)}$,有

$$|a_n z^n| = |a_n z_1^n|\,\left|\frac{z}{z_1}\right|^n \leqslant M \cdot q^n \left(q = \frac{\rho}{|z_1|} < 1\right).$$

由于级数 $\sum\limits_{n=0}^{\infty} Mq^n$ 收敛,故可根据 M 判别法推出幂级数(4.2.2)在 $\overline{\Delta(0,\rho)}$ 上一致收敛.证毕.

推论 4.2.1　若幂级数(4.2.2)在 $z_2(\neq 0)$ 发散,则它在任意满足 $|z|>|z_2|$ 的点 z 处也发散.

运用反证法及定理 4.2.1 即可推得推论 4.2.1.

由此可见,幂级数 $\sum\limits_{n=0}^{\infty} a_n z^n$ 在复平面上收敛有下面三种情况:一是在复平面上处处收敛,即在复平面上没有发散点;二是除原点外处处发散;三是其余情形,此时,我们可证存在唯一实数 $R(0<R<+\infty)$,使得幂级数(4.2.2)在 $|z|<R$ 内绝对收敛,在 $|z|>R$ 内发散,我们称这样的 R 为幂级数(4.2.2)的收敛半径,并称 $|z|<R$ 为收敛圆,$|z|=R$ 为收敛圆周.

注意到,幂级数(4.2.2)在复平面上处处收敛的情形可视其收敛半径 $R=+\infty$,在复平面上除原点外处处发散的情形可视其收敛半径 $R=0$ 时.因此,我们约定幂级数 $\sum\limits_{n=0}^{\infty} a_n z^n$ 的收敛半径取值范围为 $[0,+\infty]$.换句话说,当我们说幂级数(4.2.2)的收敛半径是 $+\infty$,是指其收敛圆为复平面,而当说收敛半径 $R=0$ 时,则是指其收敛圆只有一点 $z=0$.

对于收敛半径的求法,与数学分析类似,我们有下面公式.

定理 4.2.2(柯西-阿达马公式)　若幂级数(4.2.2)满足以下条件之一:

(1) $l=\lim\limits_{n\to\infty}\left|\dfrac{a_{n+1}}{a_n}\right|$ （达朗贝尔）;

(2) $l=\lim\limits_{n\to\infty}\sqrt[n]{|a_n|}$ （柯西）;

(3) $l=\varlimsup\limits_{n\to\infty}\sqrt[n]{|a_n|}$ （柯西-阿达马）,

则幂级数(4.2.2)的收敛半径为 $R=\dfrac{1}{l}$,其中当 $l=+\infty$ 时,$R=0$;当 $l=0$ 时,$R=+\infty$.

下面我们给出幂级数的和函数在其收敛圆内的性质.

定理 4.2.3　设幂级数(4.2.2)的收敛圆为 $\Delta(0,R)$,则它在 $\Delta(0,R)$ 内闭一致收敛,从而它的和函数 $f(z)$ 在 $\Delta(0,R)$ 内解析,并且

$$f^{(n)}(z)=n!\,a_n+\frac{(n+1)!}{1!}a_{n+1}z+\cdots+\frac{k!}{(k-n)!}a_k z^{k-n}+\cdots. \qquad (4.2.3)$$

进而有

$$a_n=\frac{f^{(n)}(0)}{n!},n=0,1,2,\cdots. \qquad (4.2.4)$$

证明:由阿贝尔定理知,幂级数(4.2.2)在 $\Delta(0,R)$ 内闭一致收敛,又因为幂级数(4.2.2)的每一项 $a_n z^n$ 在全平面解析,故由定理 4.1.8(魏尔斯特拉斯定理)知,和函数 $f(z)$ 在 $\Delta(0,R)$ 内解析,且可逐项求导得到式(4.2.3).在式(4.2.3)中,令 $z=0$ 即得式(4.2.4).证毕.

与数学分析类似,可以证明幂级数(4.2.2)与(4.2.3)有相同的收敛半径.另外,幂级数在其收敛圆周上可能收敛,也可能发散.

例 4.2.1　级数 $\sum\limits_{n=0}^{\infty} z^n$ 的收敛半径为 1. 在收敛圆 $|z|=1$ 上，由于此级数一般项不趋于 0，因而在 $|z|=1$ 上此级数处处发散.

例 4.2.2　级数 $\sum\limits_{n=0}^{\infty} \dfrac{z^n}{n}$ 的收敛半径为 1. 在收敛圆 $|z|=1$ 上，有收敛点 $z=-1$，也有发散点 $z=1$.

例 4.2.3　级数 $\sum\limits_{n=1}^{\infty} \dfrac{z^{n+1}}{n(n+1)}$ 的收敛半径为 1. 在收敛圆 $|z|=1$ 上，由于

$$\left| \frac{z^{n+1}}{n(n+1)} \right| = \frac{1}{n(n+1)},$$

而级数 $\sum\limits_{n=1}^{\infty} \dfrac{1}{n(n+1)}$ 收敛，故此级数在收敛圆周上处处收敛.

4.3　解析函数的泰勒展式

我们已经知道，一个幂级数的和函数在它的收敛圆内是一个解析函数. 但一个解析函数是否能用幂级数表示呢？这就是本节要研究的问题.

4.3.1　泰勒展式

定理 4.3.1(泰勒定理)　设函数 $f(z)$ 在区域 D 内解析，$a \in D, K=\Delta(a,R) \subset D$，则 $f(z)$ 在 K 内有唯一展式

$$f(z) = \sum_{n=0}^{\infty} c_n (z-a)^n, \tag{4.3.1}$$

其中系数

$$c_n = \frac{1}{2\pi i} \int_{C_\rho} \frac{f(\xi)}{(\xi-a)^{n+1}} d\xi = \frac{f^{(n)}(a)}{n!}, C_\rho: |\xi-a|=\rho, 0<\rho<R, n=0,1,2,\cdots.$$

证明：对 $\forall z \in K$，作 $\Delta(a,\rho) \subset K(0<\rho<R)$ 使得 $z \in \Delta(a,\rho)$（见图 4-1），则由柯西公式

$$f(z) = \frac{1}{2\pi i} \int_{C_\rho} \frac{f(\xi)}{\xi-z} d\xi, C_\rho: |\xi-a|=\rho（图 4-1 中的虚线）.$$

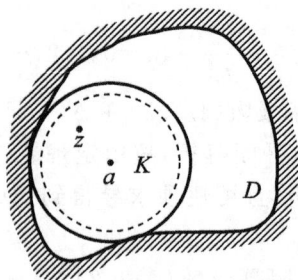

图 4-1

当 $\xi \in C_\rho$ 时，$\left| \dfrac{z-a}{\xi-a} \right| = q < 1$，因此有

$$\frac{1}{\xi-z} = \frac{1}{\xi-a-(z-a)} = \frac{1}{\xi-a} \cdot \frac{1}{1-\dfrac{z-a}{\xi-a}} = \sum_{n=0}^{\infty} \frac{(z-a)^n}{(\xi-a)^{n+1}}. \quad (4.3.2)$$

式 (4.3.2) 右端的级数在 C_ρ 上 (关于 ξ) 是一致收敛的，注意到 $f(\xi)$ 在 C_ρ 上有界，因而

$$\frac{f(\xi)}{\xi-z} = \sum_{n=0}^{\infty} (z-a)^n \cdot \frac{f(\xi)}{(\xi-a)^{n+1}}$$

也在 C_ρ 上一致收敛，从而上式可沿 C_ρ 逐项积分，并同时乘 $\dfrac{1}{2\pi i}$，得

$$f(z) = \frac{1}{2\pi i} \int_{C_\rho} \frac{f(\xi)}{\xi-z} d\xi = \sum_{n=0}^{\infty} (z-a)^n \cdot \frac{1}{2\pi i} \int_{C_\rho} \frac{f(\xi)}{(\xi-a)^{n+1}} d\xi$$

$$= \sum_{n=0}^{\infty} c_n (z-a)^n, \forall z \in K,$$

其中

$$c_n = \frac{1}{2\pi i} \int_{C_\rho} \frac{f(\xi)}{(\xi-a)^{n+1}} d\xi = \frac{f^{(n)}(a)}{n!}, n = 0,1,2,\cdots.$$

下面证明展式是唯一的.

假设 $f(z)$ 在 $K = \Delta(a,R)$ 内还有展式

$$f(z) = \sum_{n=0}^{\infty} d_n (z-a)^n, z \in K,$$

则由定理 4.2.3 知

$$d_n = \frac{f^{(n)}(a)}{n!} = c_n, n = 0,1,2,\cdots,$$

故展式是唯一的. 于是，定理得证.

定义 4.3.1 式 (4.3.1) 称为 $f(z)$ 在点 a 的**泰勒展式**，并称系数 c_n 为**泰勒系数**，式 (4.3.1) 右端的级数为**泰勒级数**.

综合定理 4.2.3 和定理 4.3.1 可推出解析函数的又一种等价刻画.

定理 4.3.2 函数 $f(z)$ 在区域 D 内解析的充要条件为：$f(z)$ 在 D 内任一点 a 的某一邻域内有泰勒展式.

注：$f(z)$ 在点 a 的泰勒展式 (4.3.1) 成立的范围取决于圆域 $\Delta(a,R) \subset D$ 的大小，其最大范围可依据下面定理来确定.

定理 4.3.3 设 $f(z)$ 在点 a 的泰勒展式为 $\sum_{n=0}^{\infty} c_n (z-a)^n$，则级数 $\sum_{n=0}^{\infty} c_n (z-a)^n$ 的收敛半径为 R 的充要条件是 $f(z)$ 在 $|z-a| < R$ 内解析，且在 $|z-a| = R$ 上至少有一个奇点.

该定理我们从略不证. 但该定理告诉我们一个确定收敛半径 R 的方法：设 $f(z)$ 在点 a 解析，b 是 $f(z)$ 的奇点中距 a 最近的一个奇点，则 $R = |b-a|$，即 $f(z)$

在点 a 的泰勒展式(4.3.1)成立的最大范围是 $\Delta(a,|b-a|)$.

幂级数理论只有在复数域内才能更好地理解. 例如实函数 $f(x)=\dfrac{1}{1+x^2}$ 在实数域内无穷多次可微, 但它的泰勒展式 $\dfrac{1}{1+x^2}=\sum\limits_{n=0}^{\infty}(-1)^n x^{2n}$ 仅在 $|x|<1$ 时才能成立. 这是因为 $\dfrac{1}{1+z^2}$ 在收敛圆周 $|z|=1$ 上有奇点 $z=\pm i$.

4.3.2 求泰勒展式的方法

(1) 直接法. 直接利用公式 $c_n=\dfrac{f^{(n)}(a)}{n!}$ 求泰勒系数.

例 4.3.1 求 $f(z)=e^z$ 在 $z=0$ 的泰勒展式.

解: 因为

$$c_n=\frac{f^{(n)}(a)}{n!}=\frac{1}{n!}, n=0,1,2,\cdots,$$

所以,

$$e^z=\sum_{n=0}^{\infty}\frac{z^n}{n!}=1+z+\frac{z^2}{2!}+\cdots+\frac{z^n}{n!}+\cdots \quad (|z|<\infty).$$

同理, 我们还可以求得正弦函数与余弦函数在原点的泰勒展式为

$$\sin z=\sum_{n=0}^{\infty}(-1)^n\frac{z^{2n+1}}{(2n+1)!},$$

$$\cos z=\sum_{n=0}^{\infty}(-1)^n\frac{z^{2n}}{(2n)!},(|z|<\infty).$$

(2) 间接法. 借用一些已知展式来计算要求的展式的方法称为间接法, 包括利用级数的四则运算、逐项求导、逐项积分等. 例如,

$$\sin z=\frac{e^{iz}-e^{-iz}}{2i}=\frac{1}{2i}\Big[\sum_{n=0}^{\infty}\frac{(iz)^n}{n!}-\sum_{n=0}^{\infty}\frac{(-iz)^n}{n!}\Big]$$

$$=\sum_{n=0}^{\infty}(-1)^n\frac{z^{2n+1}}{(2n+1)!} \quad (|z|<\infty).$$

例 4.3.2 求 $\dfrac{e^z}{1-z}$ 在 $z=0$ 的泰勒展式.

解: 当 $|z|<1$ 时, 利用 e^z 和 $\dfrac{1}{1-z}$ 在 $z=0$ 的泰勒展式得

$$\frac{e^z}{1-z}=\Big(1+z+\frac{z^2}{2!}+\frac{z^3}{3!}+\cdots\Big)(1+z+z^2+z^3+\cdots) \quad (|z|<1)$$

$$=1+\Big(1+\frac{1}{1!}\Big)z+\Big(1+\frac{1}{1!}+\frac{1}{2!}\Big)z^2+\Big(1+\frac{1}{1!}+\frac{1}{2!}+\frac{1}{3!}\Big)z^3+\cdots$$

$$=\sum_{n=0}^{\infty}\Big(\sum_{p=0}^{n}\frac{1}{p!}\Big)z^n.$$

例 4.3.3　求 $\mathrm{Ln}(1+z)$ 的主支 $\ln(1+z)$ 在 $z=0$ 的泰勒展式.

解:因为

$$\int_0^z \frac{1}{1+\xi}\mathrm{d}\xi = \ln(1+z) - \ln 1 = \ln(1+z) \quad (\text{取主支意味着 } \ln 1 = 0),$$

又由于

$$\int_0^z \frac{1}{1+\xi}\mathrm{d}\xi = \int_0^z (1-\xi+\xi^2-\xi^3+\cdots)\mathrm{d}\xi = z - \frac{z^2}{2} + \frac{z^3}{3} - \frac{z^4}{4} + \cdots \quad (|z|<1),$$

所以,

$$\ln(1+z) = \sum_{n=1}^{\infty} (-1)^{n+1} \frac{z^n}{n} \quad (|z|<1).$$

一般地,多值函数 $\mathrm{Ln}(1+z)$ 的其他分支 $\ln_k(1+z)=\ln(1+z)+2k\pi\mathrm{i}$ 的泰勒展式为

$$\ln_k(1+z) = 2k\pi\mathrm{i} + \sum_{n=1}^{\infty} (-1)^{n+1} \frac{z^n}{n} \quad (|z|<1).$$

例 4.3.4　求 $f(z)=(1+z)^\alpha$(α 非整数,取 $f(0)=1$ 的那个分支)在 $z=0$ 的泰勒展式.

解: $(1+z)^\alpha = \mathrm{e}^{\alpha\ln(1+z)}$

$$= 1 + u + \frac{u^2}{2!} + \cdots \quad (u = \alpha\ln(1+z))$$

$$= 1 + \left[\alpha\left(z - \frac{z^2}{2} + \frac{z^3}{3} - \cdots\right)\right] + \frac{1}{2!}\left[\alpha\left(z - \frac{z^2}{2} + \frac{z^3}{3}\right) + \cdots\right]^2 + \cdots$$

$$= 1 + \alpha z + \frac{\alpha(\alpha-1)}{2}z^2 + \frac{\alpha(\alpha-1)(\alpha-2)}{3!}z^3 + \cdots$$

$$= 1 + \sum_{n=1}^{\infty} \frac{\alpha(\alpha-1)\cdots(\alpha-n+1)}{n!}z^n \quad (|z|<1).$$

注:本例也可用直接法求解.

4.4　解析函数的零点及唯一性

4.4.1　解析函数的零点

若 $f(z_0)=0$,则称 z_0 为 $f(z)$ 的零点.本节主要讨论解析函数的零点.

设函数 $f(z)$ 在 $\Delta(z_0,R)$ 内解析且 $f(z_0)=0$,则 $f(z)$ 在 $\Delta(z_0,R)$ 内有泰勒展式

$$f(z) = a_1(z-z_0) + \cdots + a_n(z-z_0)^n + \cdots.$$

如果 $a_n=0 (n=1,2\cdots)$,则在 $\Delta(z_0,R)$ 内 $f(z)\equiv0$;如果 a_n 不全为 0,则存在正整数 m,使得 $a_m\neq0$ 且对一切 $1\leq n<m$ 均有 $a_n=0$,此时,我们称 z_0 为 $f(z)$ 的 m 级(阶、重)零点.特别地,当 $m=1$ 时,称 z_0 为 $f(z)$ 的单零点.

设 z_0 为不恒为零的解析函数 $f(z)$ 的一个 m 级零点,则在 z_0 的某个邻域 $\Delta(z_0,R)$ 内,

$$f(z) = a_m (z-z_0)^m + a_{m+1}(z-z_0)^{m+1} + \cdots = (z-z_0)^m \cdot [a_m + a_{m+1}(z-z_0) + \cdots],$$

令

$$\varphi(z) = a_m + a_{m+1}(z-z_0) + \cdots,$$

则 $\varphi(z)$ 在 $\Delta(z_0, R)$ 内解析且 $\varphi(z_0) = a_m \neq 0$. 因此,我们有下面定理.

定理 4.4.1 设不恒为零的函数 $f(z)$ 在 z_0 解析且以 z_0 为 m 级零点,则

$$f(z) = (z-z_0)^m \varphi(z), \qquad (4.4.1)$$

其中 $\varphi(z)$ 在 $\Delta(z_0, R)$ 内解析且 $\varphi(z_0) \neq 0$. 反之也成立.

在定理 4.4.1 的条件下,由式 (4.4.1) 知,$\exists \delta > 0$,使得当 $0 < |z-z_0| < \delta$ 时,$\varphi(z) \neq 0$,从而 $f(z) \neq 0$,此即说明存在 z_0 的一个邻域使得在此邻域内 z_0 是 $f(z)$ 的唯一零点.

定理 4.4.2 设函数 $f(z)$ 在 z_0 解析且 $f(z_0) = 0$,则或者 $f(z)$ 在 z_0 的一个邻域内恒等于零,或者存在 z_0 的某邻域 $\Delta(z_0, \delta)$ 使得在此邻域中 z_0 是 $f(z)$ 的唯一零点.

定理 4.4.2 的后一个性质称为**解析函数零点的孤立性**.

推论 4.4.1 设 $f(z)$ 在 $\Delta(z_0, R)$ 内解析,若在 $\Delta(z_0, R)$ 中存在 $f(z)$ 的一列零点 $\{z_n\}$ ($z_n \neq z_0$) 收敛于点 z_0,则 $f(z)$ 在 $\Delta(z_0, R)$ 内必恒为零.

证明: 假设 $f(z)$ 在 $\Delta(z_0, R)$ 内不恒为零. 因为 $f(z)$ 在 z_0 连续且 $\lim\limits_{n \to \infty} z_n = z_0$ ($z_n \neq z_0$),所以 $f(z_0) = 0$,但这与解析函数零点的孤立性矛盾,于是定理得证.

4.4.2 唯一性定理

为证解析函数的唯一性定理,我们先证明下述引理.

引理 4.4.1 设 $f(z)$ 在区域 D 内解析,如果 $f(z)$ 在 D 中的一个圆内恒等于 0,则 $f(z)$ 在 D 内恒等于 0.

证明: 设在 D 内一个以 a 为心的圆 K_0 内 $f(z) \equiv 0$,对于 K_0 外的任意一点 $b \in D$,用在 D 内的折线 L 连接 a 及 b,并设折线 L 到边界 ∂D 的最小距离为 $M(>0)$. 取 $0 < \delta < M$,并在 L 上依次取 $a = a_0, a_1, \cdots, a_{n-1}, a_n = b$,使得 $a_1 \in K_0$,且它的任意相邻两点间距离小于 δ,再作每一点 a_i 的 δ 邻域 $K_i (i=1,2,\cdots,n)$(见图 4-2). 显然 $i < n$ 时,$z_{i+1} \in K_i \subset D$.

由于 $f(z)$ 在 K_0 内恒等于 0,而 $a_1 \in K_0$,因而 $f^{(n)}(z_1) = 0 (n=0,1,2,\cdots)$,于是 $f(z)$ 在 K_1 内的泰勒展式的系数亦全为 0,从而 $f(z)$ 在 K_1 内恒等于 0. 一般地,若已证明 $f(z)$ 在 $K_i (i \leqslant n-1)$ 内恒等于 0,就可推得 $f(z)$ 在 K_{i+1} 内也恒等于 0. 从而推得 $f(b) = 0$. 由 b 为 D 内 K_0 外任意一点即知引理成立.

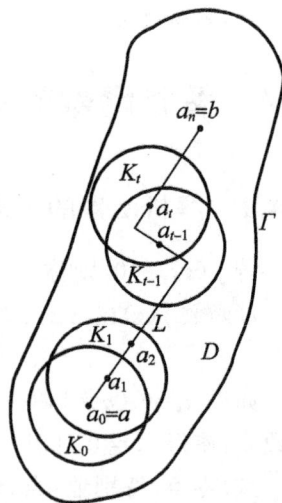

图 4-2

定理 4.4.3(唯一性定理) 设函数 $f(z)$ 及 $g(z)$ 在区域 D 内解析,$z_n (n=1,2,\cdots)$

为 D 内互不相同的点, 且 $\lim\limits_{n\to\infty}z_n=z_0\in D$. 如果

$$f(z_n)=g(z_n) \quad (n=1,2,\cdots),$$

则在 D 内 $f(z)\equiv g(z)$.

证明: 令 $F(z)=f(z)-g(z)$, 则 $F(z)$ 在 D 内解析, 且 $F(z_n)=0(n=1,2,\cdots)$, 由已知条件 $\lim\limits_{n\to\infty}z_n=z_0\in D$ 及推论 4.4.1 知, 存在 $\Delta(z_0,R)$ 使得 $F(z)$ 在 $\Delta(z_0,R)$ 内恒为零, 从而根据引理 4.4.1 知, $F(z)$ 在 D 内恒为零. 于是定理得证.

定理 4.4.3 告诉我们, 对于在区域 D 内的两个解析函数而言, 只要它们在区域 D 内的一段弧或一小块区域上取值相同, 则它们是 D 上的同一个函数, 这是解析函数不同于实变量可微函数的一个重要特性.

例 4.4.1 在复平面上解析且在实轴上等于 $\sin x$ 的函数只能是 $\sin z$.

证明: 设函数 $f(z)$ 在复平面上解析且在实轴上等于 $\sin x$, 则在复平面上解析的函数 $f(z)-\sin z$ 在实轴上恒等于 0, 因而由定理 4.4.3 知, 在复平面上 $f(z)-\sin z\equiv 0$. 证毕.

例 4.4.2 是否存在 $z=0$ 解析的函数 $f(z)$ 满足下列条件:

(1) $f\left(\dfrac{1}{2n-1}\right)=0$, $f\left(\dfrac{1}{2n}\right)=\dfrac{1}{2n}$, $n=1,2,\cdots$;

(2) $f\left(\dfrac{1}{n}\right)=\dfrac{n}{n+1}$, $n=1,2,\cdots$.

解: (1) 由 $f\left(\dfrac{1}{2n}\right)=\dfrac{1}{2n}$ 及 $\lim\limits_{n\to\infty}\dfrac{1}{2n}=0$ 知, 函数 $f(z)$ 与 $g(z)=z$ 满足定理 4.4.3 (唯一性定理) 的条件, 从而 $f(z)\equiv z$, 但此函数不满足 $f\left(\dfrac{1}{2n-1}\right)=0$, 因此题意中的函数不存在.

(2) 根据条件 $f\left(\dfrac{1}{n}\right)=\dfrac{n}{n+1}=\dfrac{1}{1+\dfrac{1}{n}}$ 及 $\lim\limits_{n\to\infty}\dfrac{1}{n}=0$, 应用唯一性定理于 $f(z)$ 与 $\dfrac{1}{1+z}$, 推得函数 $f(z)=\dfrac{1}{1+z}$ 是题意所求的唯一函数.

4.4.3 最大模原理

定理 4.4.4(最大模原理) 设 $f(z)$ 在区域 D 内解析, 则 $|f(z)|$ 在 D 内任何点都不能达到最大值, 除非在 D 内 $f(z)$ 恒等于常数.

证明: 只要证, 若 $f(z)$ 在区域 D 内的某一点 z_0 取到它的最大模

$$M=\max_{z\in D}|f(z)|=|f(z_0)|,$$

则 $f(z)$ 在区域 D 内恒为常数即可.

若 $M=0$, 则 $f(z)\equiv 0(z\in D)$. 故可设 $0<M<+\infty$. 取 $\rho>0$ 使得 $\overline{\Delta(z_0,\rho)}\subset D$, 则应用平均值定理于 $\overline{\Delta(z_0,R)}(R\leqslant\rho)$ 得到

$$f(z) = \frac{1}{2\pi} \int_0^{2\pi} f(z_0 + R e^{i\varphi}) \, d\varphi.$$

由此推出

$$M = |f(z_0)| \leqslant \frac{1}{2\pi} \int_0^{2\pi} |f(z_0 + R e^{i\varphi})| \, d\varphi.$$

一方面,已知

$$|f(z_0 + R e^{i\varphi})| \leqslant M, 0 \leqslant \varphi \leqslant 2\pi.$$

另一方面,若存在某一个值 φ_0 使得 $|f(z_0 + R e^{i\varphi_0})| < M$,则由 $|f(z)|$ 的连续性知,不等式 $|f(z_0 + R e^{i\varphi})| < M$ 在某个充分小的区间 $\varphi_0 - \delta < \varphi < \varphi_0 + \delta$ 内成立. 于是

$$M = |f(z_0)| \leqslant \frac{1}{2\pi} \int_0^{2\pi} |f(z_0 + R e^{i\varphi})| \, d\varphi < M,$$

矛盾. 因此,在圆周 $|z - z_0| = R$ 上 $|f(z)| \equiv M$. 由 R 的任意性知,

$$|f(z)| \equiv M, z \in \overline{\Delta(z_0, \rho)}.$$

从而

$$f(z) \equiv 常数, z \in \Delta(z_0, \rho).$$

最后由唯一性定理(或引理 4.4.1)知,$f(z)$ 在区域 D 内恒为常数. 定理得证.

推论 4.4.2 设 $f(z)$ 在有界区域 D 内解析,在闭域 $\overline{D}$ 上连续,并且

$$|f(z)| \leqslant M \quad (z \in \overline{D}),$$

则除 $f(z)$ 为常数的情形外,$|f(z)| < M \ (z \in D)$.

例 4.4.3 设 $f(z)$ 在闭圆 $|z| \leqslant R$ 上解析,$a > 0$. 如果 $|f(0)| < a$ 且在 $|z| = R$ 上有 $|f(z)| > a$,则 $f(z)$ 在圆 $|z| < R$ 内至少有一个零点.

证明: 假设 $f(z)$ 在圆 $|z| < R$ 内无零点. 但由已知条件知,$f(z)$ 在圆周 $|z| = R$ 上亦无零点,因而 $f(z)$ 在闭圆 $|z| \leqslant R$ 上无零点. 令 $\varphi(z) = \frac{1}{f(z)}$,则 $\varphi(z)$ 在闭圆 $|z| \leqslant R$ 上解析. 此时,一方面有

$$|\varphi(0)| = \frac{1}{|f(0)|} > \frac{1}{a},$$

另一方面,在 $|z| = R$ 上,有

$$|\varphi(z)| = \frac{1}{|f(z)|} < \frac{1}{a} < |\varphi(0)|,$$

但这与最大模原理产生矛盾. 于是命题得证.

习 题 四

1. 先求幂级数 $\displaystyle\sum_{n=0}^{\infty} \frac{z^n}{n!}$ 的收敛半径,然后判断级数 $\displaystyle\sum_{n=0}^{\infty} \frac{(3+5i)^n}{n!}$ 的敛散性.

2. 先求幂级数 $\displaystyle\sum_{n=1}^{\infty} \frac{z^n}{n}$ 的收敛半径,然后判断级数 $\displaystyle\sum_{n=1}^{\infty} \frac{i^n}{n}$ 的敛散性.

3. 求幂级数 $\sum\limits_{n=1}^{\infty} n^n z^n$，$\sum\limits_{n=0}^{\infty} z^{2n}$ 及 $\sum\limits_{n=0}^{\infty} [3+(-1)^n]^n z^n$ 的收敛半径.

4. 设级数 $\sum\limits_{n=1}^{\infty} f_n(z)$ 在区域 D 上一致收敛于 $f(z)$，$g(z)$ 在 D 上有界，则级数 $\sum\limits_{n=1}^{\infty} g(z) f_n(z)$ 在 D 上一致收敛于 $g(z) f(z)$.

5. 求下列函数在原点处的泰勒展式，并指出展式成立的范围：

   (1) $\dfrac{1}{az+b}$（a,b 为复数，$b \neq 0$）；   (2) $\displaystyle\int_0^z e^{z^2} dz$；

   (3) $\sin^2 z$.

6. 将下列函数按 $z-1$ 展成幂级数，并指出展式成立的范围：

   (1) $\dfrac{z}{z^2-2z+5}$；   (2) $\sin z$；   (3) $\sqrt[3]{z} \left(\sqrt[3]{1} = \dfrac{-1+i\sqrt{3}}{2} \right)$.

7. 求下列函数在零点 $z=0$ 的重数：

   (1) $z^2(e^{z^2}-1)$；   (2) $6\sin z^3 + z^3(z^6-6)$.

8. 函数 $\sin\dfrac{1}{1-z}$ 有一收敛于点 $z=1$ 的零点序列，但此函数不是常数，这是否与唯一性定理矛盾？

9. 在点 $z=0$ 解析且在点 $z=\dfrac{1}{n}$（$n=1,2,\cdots$）取下列值的函数是否存在？

   (1) $\dfrac{1}{2},\dfrac{1}{2},\dfrac{1}{4},\dfrac{1}{4},\cdots,\dfrac{1}{2n},\dfrac{1}{2n},\cdots$；   (2) $\dfrac{1}{2},\dfrac{2}{3},\dfrac{3}{4},\cdots,\dfrac{n}{n+1},\cdots$.

10. 设 $f(z)$ 在区域 D 内解析，并且在 $z_0 (\in D)$ 处满足 $f^{(n)}(z_0)=0$（$n \in \mathbb{Z}^+$），试证 $f(z)$ 在区域 D 内必为常数.

11. 证明最小模原理：若 $f(z)$ 在有界区域 D 内解析，在 $\overline{D}$ 上连续，并且 $f(z)$ 在 D 没有零点，则 $|f(z)|$ 在 D 的边界 ∂D 上达到最小值.

12*. 设 D 为围线 C 的内部，函数 $f(z)$ 在区域 D 内解析，在闭域 $\overline{D}$ 上连续，其模 $|f(z)|$ 在边界 C 上为常数，试证：若 $f(z)$ 不恒等于一个常数，则 $f(z)$ 在 D 内至少有一个零点.

13*. 设 $f(z) = \sum\limits_{n=1}^{\infty} a_n z_n$（$a_0 \neq 0$）的收敛半径 $R>0$，且

$$M = \max_{|z| \leqslant \rho} |f(z)| \quad (\rho < R),$$

   试证：在圆 $|z| < \dfrac{|a_0|}{|a_0|+M} \rho$ 内 $f(z)$ 无零点.

14*. 对任一复数 z，试证：$|e^z-1| \leqslant e^{|z|}-1 \leqslant |z| e^{|z|}$.

15*. 先用直接法求 $f(z) = (1+z)^\alpha$（α 非整数，取 $f(0)=1$ 的那个解析分支）在 $z=0$ 的泰勒展式，然后将 $(2-z)^{\frac{3}{4}}$ 按 $z-1$ 展成幂级数.

第5章 解析函数的洛朗展式与孤立奇点

本章将介绍解析函数在圆环 $r<|z-a|<R$ 内的洛朗展式,并以此为工具去研究解析函数在孤立奇点(定义 5.2.1)处的相关性质.

5.1 解析函数的洛朗展式

我们先讨论下面形式的级数

$$\sum_{n=-\infty}^{\infty} c_n (z-a)^n = \cdots + \frac{c_{-2}}{(z-a)^2} + \frac{c_{-1}}{z-a} + c_0 + c_1(z-a) + \cdots. \quad (5.1.1)$$

它由两部分组成,一部分是由正幂项(包括常数项)组成,即

$$\sum_{n=0}^{\infty} c_n (z-a)^n = c_0 + c_1(z-a) + c_2(z-a)^2 + \cdots, \quad (5.1.2)$$

另一部分是由负幂项组成,即

$$\sum_{n=1}^{\infty} c_{-n}(z-a)^{-n} = \frac{c_{-1}}{z-a} + \frac{c_{-2}}{(z-a)^2} + \cdots. \quad (5.1.3)$$

前者是通常的幂级数,设它在收敛圆为 $|z-a|<R(0<R\leqslant+\infty)$ 内收敛于解析函数 $f_1(z)$. 对第二个级数(5.1.3)作代换 $\zeta=\dfrac{1}{z-a}$,则它变成为一个幂级数

$$\sum_{n=1}^{\infty} c_{-n}\zeta^n = c_{-1}\zeta + c_{-2}\zeta^2 + \cdots, \quad (5.1.4)$$

设它的收敛区域为 $|\zeta|<\dfrac{1}{r}\left(0<\dfrac{1}{r}\leqslant+\infty\right)$,换回到原来的变数 z,即知(5.1.3)在 $|z-a|>r\ (0\leqslant r<+\infty)$ 内收敛于解析函数 $f_2(z)$.

显然,当且仅当 $r<R$,即级数(5.1.2)与(5.1.3)有公共的收敛区域(圆环)

$$H: r<|z-a|<R,$$

级数(5.1.1)在 H 收敛. 此时,我们称级数(5.1.1)为 H 内的**双边幂级数**.

综合以上讨论以及幂级数的性质,不难得到下面定理.

定理 5.1.1 设双边幂级数(5.1.1)的收敛圆环为 $H: r<|z-a|<R(r\geqslant0,$ $R\leqslant+\infty)$,则

(1) 级数(5.1.1)在 H 内绝对收敛且内闭一致收敛于解析函数 $f(z)=f_1(z)+f_2(z)$;

(2) 函数 $f(z) = \sum\limits_{n=-\infty}^{\infty} c_n (z-a)^n$ 在 H 内可逐项求导且可沿曲线逐项积分.

现在,我们反过来考虑,一个在圆环内解析的函数是否可以展开成双边幂级数这问题.

定理 5.1.2(洛朗定理) 在圆环 $H: r < |z-a| < R(r \geqslant 0, R \leqslant +\infty)$ 内解析的函数 $f(z)$ 必可展成双边幂级数

$$f(z) = \sum_{n=-\infty}^{\infty} c_n (z-a)^n, \tag{5.1.5}$$

其中

$$c_n = \frac{1}{2\pi i} \int_\Gamma \frac{f(\zeta)}{(\zeta-a)^{n+1}} d\zeta, \ (n = 0, \pm 1, \cdots), \ \Gamma: |\zeta-a| = \rho(r < \rho < R),$$
$$\tag{5.1.6}$$

并且展式是唯一的(即 $f(z)$ 及圆环 H 唯一地决定了系数 c_n).

证明: 任取 $z \in H$,总可以找到含于 H 内的两个圆周

$$\Gamma_1: |\zeta-a| = \rho_1, \quad \Gamma_2: |\zeta-a| = \rho_2,$$

使得 z 含在圆环 $\rho_1 < |\zeta-a| < \rho_2$ 内(见图 5-1).

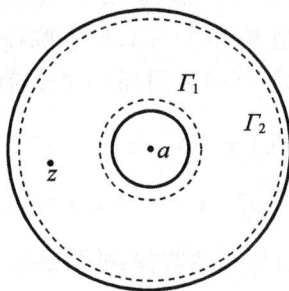

图 5-1

因为 $f(\zeta)$ 在闭圆环 $\rho_1 \leqslant |\zeta-a| \leqslant \rho_2$ 上解析,所以由柯西积分公式得

$$f(z) = \frac{1}{2\pi i} \int_{\Gamma_2 + \Gamma_1^-} \frac{f(\zeta)}{\zeta-z} d\zeta = \frac{1}{2\pi i} \int_{\Gamma_2} \frac{f(\zeta)}{\zeta-z} d\zeta + \frac{1}{2\pi i} \int_{\Gamma_1} \frac{f(\zeta)}{z-\zeta} d\zeta. \tag{5.1.7}$$

对于第一个积分,只要参照定理 4.3.1(泰勒定理)证明中的相应部分,即可得

$$\frac{1}{2\pi i} \int_{\Gamma_2} \frac{f(\zeta)}{\zeta-z} d\zeta = \sum_{n=0}^{\infty} c_n (z-a)^n, \tag{5.1.8}$$

其中,

$$c_n = \frac{1}{2\pi i} \int_{\Gamma_2} \frac{f(\zeta)}{(\zeta-a)^{n+1}} d\zeta = \frac{1}{2\pi i} \int_\Gamma \frac{f(\zeta)}{(\zeta-a)^{n+1}} d\zeta \ (n = 0, 1, 2, \cdots). \tag{5.1.9}$$

式(5.1.9)中的第二个等式应用了复围线柯西积分定理.

对于式(5.1.7)右边的第二个积分,由于当 $\zeta \in \Gamma_1$ 时,

$$\left| \frac{\zeta-a}{z-a} \right| = \frac{\rho_1}{|z-a|} < 1,$$

所以，

$$\frac{f(\zeta)}{z-\zeta} = \frac{f(\zeta)}{(z-a)-(\zeta-a)} = \frac{f(\zeta)}{z-a} \cdot \frac{1}{1-\dfrac{\zeta-a}{z-a}}$$

可以在 Γ_1 上（关于 ζ）展开成一致收敛的级数

$$\frac{f(\zeta)}{z-\zeta} = \frac{f(\zeta)}{z-a} \sum_{n=0}^{\infty} \left(\frac{\zeta-a}{z-a}\right)^n = \sum_{n=1}^{\infty} \frac{1}{(z-a)^n} \cdot \frac{f(\zeta)}{(\zeta-a)^{-n+1}}.$$

沿 Γ_1 逐项积分，再以 $\dfrac{1}{2\pi i}$ 乘两端即得

$$\frac{1}{2\pi i}\int_{\Gamma_1} \frac{f(\zeta)}{z-\zeta}d\zeta = \sum_{n=1}^{\infty} \frac{c_{-n}}{(z-a)^n}, \tag{5.1.10}$$

其中

$$c_{-n} = \frac{1}{2\pi i}\int_{\Gamma_1} \frac{f(\zeta)}{(\zeta-a)^{-n+1}}d\zeta = \frac{1}{2\pi i}\int_{\Gamma} \frac{f(\zeta)}{(\zeta-a)^{-n+1}}d\zeta, \quad n=1,2,\cdots. \tag{5.1.11}$$

结合式(5.1.8)和(5.1.10)就得到定理中的双边幂级数(5.1.5)在点 z 成立，其系数表达式(5.1.6)可由式(5.1.9)和(5.1.11)看出. 又因为系数 c_n 与我们所取的 z 根本无关，故定理中的双边幂级数(5.1.5)在圆环 H 内成立.

下面证明展式的唯一性. 设 $f(z)$ 在圆环 H 内另有展式（双边幂级数）

$$f(z) = \sum_{n=-\infty}^{\infty} c_n' (z-a)^n.$$

由定理 5.1.1 知，它在圆周 $\Gamma: |z-a| = \rho(r<\rho<R)$ 上一致收敛. 两边乘以沿 Γ 上的有界函数 $\dfrac{1}{(z-a)^{m+1}}$ 后仍然一致收敛，故可逐项积分得

$$\int_{\Gamma} \frac{f(\zeta)}{(\zeta-a)^{m+1}}d\zeta = \sum_{n=-\infty}^{\infty} c_n'\int_{\Gamma} \frac{1}{(\zeta-a)^{-n+m+1}}d\zeta,$$

由重要例子即知，右端级数仅在 $n=m$ 这一项积分为 $2\pi i$，其余各项为零，于是

$$c_n' = \frac{1}{2\pi i}\int_{\Gamma} \frac{f(\zeta)}{(\zeta-a)^{n+1}}d\zeta = c_n (n=0,\pm 1,\cdots).$$

定义 5.1.1 式(5.1.5)称为 $f(z)$ 在点 a 的洛朗展式，其系数(5.1.6)称为洛朗系数，而式(5.1.5)右边的双边幂级数则称为洛朗级数.

注：若将函数 $f(z)$ 的解析区域从圆环 $r<|z-a|<R$ 加强为圆域 $|z-a|<R$，则洛朗系数 $c_{-n}=0(n=1,2,\cdots)$，从而洛朗展式就变为泰勒展式，因此泰勒展式是洛朗展式的特例.

利用洛朗展式的唯一性，我们就可以采用一些更简便的方法来求函数在指定圆环内的洛朗展式.

例 5.1.1 求函数 $f(z)=\dfrac{1}{(z-1)(z-2)}$ 分别在下面区域内的洛朗展式.

(1) $|z|<1$；　(2) $1<|z|<2$；　(3) $2<|z|<+\infty$.

解：首先 $f(z)$ 总可以分解成

$$f(z)=\frac{1}{z-2}-\frac{1}{z-1}.$$

(1) 当 $|z|<1$ 时，有 $\left|\dfrac{z}{2}\right|<1$，所以，

$$f(z)=\frac{1}{1-z}-\frac{1}{2\left(1-\dfrac{z}{2}\right)}=\sum_{n=0}^{\infty}z^n-\frac{1}{2}\sum_{n=0}^{\infty}\left(\frac{z}{2}\right)^n=\sum_{n=0}^{\infty}\left(1-\frac{1}{2^{n+1}}\right)z^n,$$

此即 $f(z)$ 在圆 $|z|<1$ 内的洛朗展式（也是泰勒展式）.

(2) 当 $1<|z|<2$ 时，有 $\left|\dfrac{1}{z}\right|<1,\left|\dfrac{z}{2}\right|<1$，所以

$$f(z)=-\frac{1}{2}\cdot\frac{1}{1-\dfrac{z}{2}}-\frac{1}{z}\cdot\frac{1}{1-\dfrac{1}{z}}=-\frac{1}{2}\sum_{n=0}^{\infty}\frac{z^n}{2^n}-\frac{1}{z}\sum_{n=1}^{\infty}\frac{1}{z^{n-1}}=-\sum_{n=0}^{\infty}\frac{z^n}{2^{n+1}}-\sum_{n=1}^{\infty}\frac{1}{z^n}.$$

(3) 当 $2<|z|<+\infty$ 时，有 $\left|\dfrac{1}{z}\right|<1,\left|\dfrac{2}{z}\right|<1$，所以

$$f(z)=\frac{1}{z}\cdot\frac{1}{1-\dfrac{2}{z}}-\frac{1}{z}\cdot\frac{1}{1-\dfrac{1}{z}}=\frac{1}{z}\sum_{n=0}^{\infty}\frac{2^n}{z^n}-\frac{1}{z}\sum_{n=0}^{\infty}\frac{1}{z^n}=\sum_{n=2}^{\infty}\frac{2^{n-1}-1}{z^n}.$$

此例子说明了同一个函数在不同的圆环内的洛朗展式可能不同.

例 5.1.2　求 $\dfrac{\sin z}{z^2}$ 在 $0<|z|<+\infty$ 内的洛朗展式.

解：　$\dfrac{\sin z}{z^2}=\dfrac{1}{z}-\dfrac{z}{3!}+\dfrac{z^3}{5!}+\cdots+\dfrac{(-1)^nz^{2n-1}}{(2n+1)!}+\cdots.$

例 5.1.3　求 $\mathrm{e}^{\frac{1}{z}}$ 在 $0<|z|<+\infty$ 内的洛朗展式.

解：　$\mathrm{e}^{\frac{1}{z}}=1+\dfrac{1}{z}+\dfrac{1}{2!z^2}+\cdots+\dfrac{1}{n!z^n}+\cdots.$

5.2　解析函数的孤立奇点

定义 5.2.1　设 $f(z)$ 在点 a 的某去心邻域内解析，但在点 a 不解析，则称 a 为 $f(z)$ 的孤立奇点.

例如 $\dfrac{\sin z}{z},\mathrm{e}^{\frac{1}{z}}$ 以 $z=0$ 为孤立奇点. 而 $\sqrt{z}$ 的支点 $z=0$ 破坏了单值解析性，它虽然是奇点，但不是孤立奇点. 对于函数 $\dfrac{1}{\sin\dfrac{1}{z}}$ 而言，$z=0$ 是它的奇点，但不是它的孤立奇点，因为它还有奇点 $z=\dfrac{1}{k\pi}(k=\pm1,\pm2\cdots)$.

设 $a(\neq\infty)$ 为 $f(z)$ 的孤立奇点,则 $f(z)$ 在 a 的某去心邻域内,有洛朗展式

$$f(z) = \sum_{n=1}^{\infty} \frac{c_{-n}}{(z-a)^n} + \sum_{n=0}^{\infty} c_n (z-a)^n,$$

我们称 $\sum_{n=1}^{\infty} \frac{c_{-n}}{(z-a)^n}$ 为 $f(z)$ 在点 a 的**主要部分**,$\sum_{n=0}^{\infty} c_n (z-a)^n$ 为 $f(z)$ 在点 a 的**正则部分**.

根据 $f(z)$ 在点 a 的主要部分的不同情形,我们定义

(1) 当 $f(z)$ 在点 a 的主要部分为 0 时,称 a 为 $f(z)$ 的**可去奇点**;

(2) 当 $f(z)$ 在点 a 的主要部分为有限项时,设为

$$\frac{c_{-m}}{(z-a)^m} + \frac{c_{-(m-1)}}{(z-a)^{m-1}} + \cdots + \frac{c_{-1}}{z-a} \quad (c_{-m}\neq 0),$$

称 a 为 $f(z)$ 的 m 级极点;

(3) 当 $f(z)$ 在点 a 的主要部分为无限项时,称 a 为 $f(z)$ 的**本性奇点**.

下面分别讨论这三类奇点的特性.

5.2.1 可去奇点

定理 5.2.1 设 a 为 $f(z)$ 的孤立奇点,则下列条件等价:

(1) a 为 $f(z)$ 的可去奇点;

(2) $\lim_{z\to a} f(z) = b(\neq\infty)$;

(3) $f(z)$ 在 a 的某去心邻域内有界.

证明:设条件(1)成立,则在 a 的某一去心邻域内,其洛朗展式为

$$f(z) = \sum_{n=0}^{\infty} c_n (z-a)^n.$$

于是 $\lim_{z\to a} f(z) = c_0 \neq \infty$,即条件(2)成立.

条件(2)推条件(3)是显然的,直接利用极限的性质即可.

现设条件(3)成立,即 $\exists M > 0$ 使得 $|f(z)| \leqslant M, z \in \Delta(a, R)\backslash\{a\}$. 此时,$f(z)$ 在点 a 的主要部分的洛朗系数

$$c_{-n} = \frac{1}{2\pi i} \int_\Gamma \frac{f(\zeta)}{(\zeta-a)^{-n+1}} d\zeta \quad (n = 1, 2, \cdots, \Gamma: |\zeta-a| = \rho, \ 0 < \rho < R).$$

满足

$$|c_{-n}| \leqslant \frac{1}{2\pi\rho} \frac{M}{-n+1} 2\pi\rho = M\rho^n \ \to 0 \quad (\rho\to 0).$$

由此可知 $c_{-1} = c_{-2} = \cdots = 0$,从而 a 为 $f(z)$ 的可去奇点.

例 5.2.1 证明 $z=0$ 是 $\frac{\sin z}{z}$ 的可去奇点.

法一:直接考查 $\frac{\sin z}{z}$ 的洛朗展式.因为

$$\frac{\sin z}{z} = \frac{1}{z}(z - \frac{z^3}{3!} + \cdots) = 1 - \frac{z^2}{3!} + \frac{z^4}{5!} + \cdots, \quad 0 < |z| < \infty.$$

所以,按定义知,$z=0$ 是 $\frac{\sin z}{z}$ 的可去奇点.

法二:因为 $\lim\limits_{z \to 0} \frac{\sin z}{z} = 1 \neq \infty$,所以由定理 5.2.1 知,$z=0$ 是 $\frac{\sin z}{z}$ 的可去奇点.

注:以后我们常常把 $f(z)$ 的可去奇点视为解析点.因为若 a 为 $f(z)$ 的可去奇点,则 $f(z)$ 在 a 的某去心邻域 $\Delta(a, R) \backslash \{a\}$ 内有展式 $f(z) = \sum\limits_{n=0}^{\infty} c_n (z-a)^n$,而右边的幂级数表示一个在 $\Delta(a, R)$ 内解析的函数 $g(z)$. 所以,当我们补充定义 $f(a) = c_0$ 后,有

$$f(z) = g(z), \quad \forall z \in \Delta(a, R),$$

即 $f(z)$ 与 $g(z)$ 在 $\Delta(a, R)$ 内是同一个函数,从而 $f(z)$ 在 a 解析.

5.2.2　极点

定理 5.2.2　设 a 为 $f(z)$ 的孤立奇点,则下列条件等价:

(1) a 为 $f(z)$ 的 m 级极点;

(2) $f(z)$ 在 a 的某去心邻域 $\Delta(a, R) \backslash \{a\}$ 内可表示为

$$f(z) = \frac{\lambda(z)}{(z-a)^m},$$

其中 $\lambda(z)$ 在 $\Delta(a, R)$ 内解析,且 $\lambda(a) \neq 0$;

(3) $g(z) = \frac{1}{f(z)}$ 以 a 为 m 级零点(可去奇点作为解析点看).

证明:设条件(1)成立,即 $f(z)$ 在 a 的某去心邻域 $\Delta(a, R) \backslash \{a\}$ 内有洛朗展式

$$f(z) = \frac{c_{-m}}{(z-a)^m} + \cdots + \frac{c_{-1}}{z-a} + c_0 + c_1(z-a) + \cdots \quad (c_{-m} \neq 0)$$

$$= \frac{c_{-m} + c_{-m+1}(z-a) + \cdots + c_{-1}(z-a)^{m-1} + c_0(z-a)^m + \cdots}{(z-a)^m}.$$

令

$$\lambda(z) = c_{-m} + c_{-m+1}(z-a) + \cdots + c_{-1}(z-a)^{m-1} + c_0(z-a)^m + \cdots,$$

则 $\lambda(z)$ 是在圆域 $\Delta(a, R)$ 内收敛的幂级数的和函数,故条件(2)成立.

再设条件(2)成立,因为 $\lambda(z)$ 在 $\Delta(a, R)$ 内解析且 $\lambda(a) \neq 0$,所以存在邻域 $\Delta(a, \rho)$ $(0 < \rho \leqslant R)$ 使得 $\lambda(z)$ 在 $\Delta(a, \rho)$ 恒不等于零,从而 $\frac{1}{\lambda(z)}$ 在 $\Delta(a, \rho)$ 内解析且 $\frac{1}{\lambda(a)} \neq 0$,于是 $g(z) = \frac{(z-a)^m}{\lambda(z)}$ 以 a 为 m 级零点. 故条件(3)成立.

最后设条件(3)成立,则有 $\frac{1}{f(z)} = (z-a)^m \varphi(z)$,其中 $\varphi(z)$ 在 a 的某邻域 $\Delta(a, R)$ 内解析,且 $\varphi(a) \neq 0$,所以存在邻域 $\Delta(a, \rho)$ $(0 < \rho \leqslant R)$ 使得 $\varphi(z)$ 在 $\Delta(a, \rho)$ 恒不

等于零,从而$\frac{1}{\varphi(z)}$在$\Delta(a,\rho)$内解析且$\frac{1}{\varphi(a)}\neq0$.由泰勒定理知,$\frac{1}{\varphi(z)}$在$\Delta(a,\rho)$内有泰勒展式

$$\frac{1}{\varphi(z)}=b_0+b_1(z-a)+\cdots,\quad b_0\neq0.$$

所以在去心邻域$\Delta(a,\rho)\setminus\{a\}$内,$f(z)$有洛朗展式

$$f(z)=\frac{1}{(z-a)^m}\frac{1}{\varphi(z)}=\frac{1}{(z-a)^m}[b_0+b_1(z-a)+\cdots]$$

$$=\frac{b_0}{(z-a)^m}+\frac{b_1}{(z-a)^{m-1}}+\cdots\quad(b_0\neq0),$$

故,a为$f(z)$的m级极点,即条件(1)成立.

对于极点,我们有下面更为简单的判别方法.

定理5.2.3 $f(z)$的孤立奇点a为极点的充要条件是$\lim\limits_{z\to a}f(z)=\infty$.

证明:由定理5.2.2的条件(3)知,$f(z)$以a为极点等价于$\frac{1}{f(z)}$以a为零点,后者等价于$\lim\limits_{z\to a}\frac{1}{f(z)}=0$,进而等价于$\lim\limits_{z\to a}f(z)=\infty$.

5.2.3 本性奇点

定理5.2.4 $f(z)$的孤立奇点a为本性奇点的充要条件是

$$\lim\limits_{z\to a}f(z)\neq\begin{cases}b(\neq\infty),\\\infty.\end{cases}$$

这可从可去奇点与极点的等价条件直接看出.

定理5.2.5 若$z=a$为$f(z)$的本性奇点,且在点a的充分小去心邻域内不为零,则$z=a$必为$\frac{1}{f(z)}$的本性奇点.

证明:设$f(z)$在$\Delta(a,R)\setminus\{a\}$内解析且不等于零,则$\varphi(z)=\frac{1}{f(z)}$在$\Delta(a,R)\setminus\{a\}$内解析,即$\varphi(z)$以$a$为孤立奇点.若$z=a$是$\varphi(z)$的可去奇点,则$\lim\limits_{z\to a}\varphi(z)$等于有限数或无穷,即$z=a$必为$f(z)$的可去奇点或极点,此与假设矛盾;若$z=a$为$\varphi(z)$的极点,则$z=a$必为$f(z)$的可去奇点(零点),亦与假设矛盾.因此,$z=a$必为$\varphi(z)$的本性奇点.

例5.2.2 证明$z=0$为$e^{\frac{1}{z}}$的本性奇点.

证一:直接考查洛朗展式.因为

$$e^{\frac{1}{z}}=1+\frac{1}{z}+\frac{1}{2!}\frac{1}{z^2}+\cdots+\frac{1}{n!}\frac{1}{z^n}+\cdots\quad(0<|z|<+\infty),$$

所以$z=0$为$e^{\frac{1}{z}}$的本性奇点.

证二:因为$\lim\limits_{z\to a}e^{\frac{1}{z}}$不存在(既不等于有限数也不等于无穷),所以命题得证.

1876 年,魏尔斯特拉斯给出了刻画本性奇点的特性的一个定理.

定理 5.2.6　设 $f(z)$ 在 $D=\Delta(a,R)\backslash\{a\}$ 内解析,则 a 为 $f(z)$ 的本性奇点的充分必要条件是,对于任意 $A\in\hat{\mathbb{C}}$ 都存在 D 内一收敛于 a 的点列 $\{z_n\}$,使得 $\lim\limits_{n\to\infty}f(z_n)=A$.

证明:充分性是显然的,因为极限 $\lim\limits_{z\to a}f(z)$ 不等于有限数或无穷.下证必要性.

(1) 在 $A=\infty$ 的情形,因为 a 不是 $f(z)$ 的可去奇点,从而函数 $f(z)$ 在 a 的任何去心邻域内都是无界的,故定理成立.

(2) 现在设 $A\neq\infty$.我们考虑下面两种情形.

(2.1) 对 $\forall n\in\mathbb{Z}^+$,存在 $z_n\in\Delta\left(a,\dfrac{1}{n}\right)\backslash\{a\}$ 使得 $f(z_n)=A$,则定理成立.

(2.2) $\exists N\in\mathbb{Z}^+$,使得在 $\Delta\left(a,\dfrac{1}{N}\right)\backslash\{a\}$ 内 $f(z)\neq A$. 此时,$\varphi(z)=\dfrac{1}{f(z)-A}$ 在 $\Delta\left(a,\dfrac{1}{N}\right)\backslash\{a\}$ 解析,且以 a 为本性奇点(根据定理 5.2.5).由前面(1)的结果,必定存在一个收敛于 a 的点列 $\{z_n\}$,使得 $\lim\limits_{n\to\infty}\varphi(z_n)=\infty$,从而推出 $\lim\limits_{n\to\infty}f(z_n)=A$. 定理证毕.

例 5.2.3　已知 $z=0$ 为 $\mathrm{e}^{\frac{1}{z}}$ 的本性奇点,我们来验证定理 5.2.6 中的点列是存在的.对于 $A=\infty$,可取 $\{z_n\}=\left\{\dfrac{1}{n}\right\}$. 若 $A=0$,可取 $\{z_n\}=\left\{-\dfrac{1}{n}\right\}$. 若 $A\neq 0,\infty$,由方程 $\mathrm{e}^{\frac{1}{z_n}}=A$ 解得 $z_n=\dfrac{1}{\ln A+2n\pi\mathrm{i}}(n\in\mathbb{Z})$,故可取 $\{z_n\}=\left\{\dfrac{1}{\ln A+2n\pi\mathrm{i}}\right\}$.

1879 年,毕卡(Picard)得出以下更为深刻的结果.

定理 5.2.7(毕卡定理)　设 $f(z)$ 在 $D=\Delta(a,R)\backslash\{a\}$ 内解析,则 a 为 $f(z)$ 的本性奇点的充分必要条件是,对于任意 $A\in\mathbb{C}$,至多除去一个可能的例外值 A_0,必存在在 D 内一收敛于 a 的点列 $\{z_n\}$,使得 $f(z_n)=A$ $(n=1,2,\cdots)$.

毕卡定理中的可能例外值 A_0 如果存在的话,则称 A_0 为 $f(z)$ 的 Picard 例外值.

5.3　解析函数在无穷远点的性质

由于在后面的学习中,常常会把问题放在扩充复平面上来考虑,因此有必要来讨论解析函数在无穷远点的性质.

定义 5.3.1　如果 $f(z)$ 在 $R<|z|<\infty$ $(R\geqslant 0)$ 内解析,则称 ∞ 为 $f(z)$ 的孤立奇点.

例如,函数 $\sin z$ 以 ∞ 为孤立奇点,但 ∞ 不是 $\dfrac{1}{\sin z}$ 的孤立奇点.

现设 $f(z)$ 在 $R<|z|<\infty$ 内解析.令 $\xi=\dfrac{1}{z}$,则函数

$$\varphi(\xi) = f\left(\frac{1}{\xi}\right) = f(z) \tag{5.3.1}$$

在去心邻域 $0 < |\xi| < \dfrac{1}{R}$（规定 $R = 0$ 时 $\dfrac{1}{R}$ 表示 ∞）内解析. 反之亦然. 这表明在变换 $\xi = \dfrac{1}{z}$ 的作用下，$f(z)$ 以 ∞ 为孤立奇点当且仅当 $\varphi(\xi)$ 以 0 为孤立奇点，并且 $\lim\limits_{z \to \infty} f(z) = \lim\limits_{\xi \to 0} \varphi(\xi)$ 或者两者同时不存在. 这样我们就可以根据 $\varphi(\xi)$ 在 0 的性质来定义 $f(z)$ 在 ∞ 的性质.

定义 5.3.2 设 $\varphi(\xi)$ 如式（5.3.1）所定义，如果 $\xi = 0$ 为 $\varphi(\xi)$ 的可去奇点、m 级极点或本性奇点，则相应称 $z = \infty$ 为 $f(z)$ 的可去奇点、m 级极点或本性奇点.

现设 $\varphi(\xi)$ 在 $0 < |\xi| < \dfrac{1}{R}$ 的洛朗展式为

$$\varphi(\xi) = \sum_{n=1}^{\infty} \frac{c_{-n}}{\xi^n} + \sum_{n=0}^{\infty} c_n \xi^n,$$

则 $f(z)$ 在 $R < |z| < \infty$ 的洛朗展式为

$$f(z) = \sum_{n=1}^{\infty} c_{-n} z^n + \sum_{n=0}^{\infty} \frac{c_n}{z^n} = \sum_{n=0}^{\infty} \frac{b_{-n}}{z^n} + \sum_{n=1}^{\infty} b_n z^n, \text{其中 } b_n = c_{-n}.$$

故，对应于 $\varphi(\xi)$ 在 $\xi = 0$ 的主要部分，$\sum\limits_{n=1}^{\infty} b_n z^n$ 是 $f(z)$ 在 ∞ 的主要部分.

在清楚 $f(z)$ 在 ∞ 的洛朗展式及其主要部分之后，我们就可通过类似上一节的讨论，给出孤立奇点 ∞ 三种类型的等价判别条件.

定理 5.3.1（对应定理 5.2.1） 设 ∞ 为 $f(z)$ 的孤立奇点，则下列条件等价：

（1）∞ 为 $f(z)$ 的可去奇点；

（2）$\lim\limits_{z \to \infty} f(z) = b(\neq \infty)$；

（3）$f(z)$ 在 ∞ 的某去心邻域内有界.

定理 5.3.2（对应定理 5.2.2） 设 ∞ 为 $f(z)$ 的孤立奇点，则下列条件等价：

（1）∞ 为 $f(z)$ 的 m 级极点；

（2）$f(z)$ 在 ∞ 的某去心邻域 $\Delta \backslash \{\infty\}$ 内可表示为

$$f(z) = z^m \mu(z),$$

其中 $\mu(z)$ 在 ∞ 的邻域 Δ 内解析，且 $\mu(\infty) \neq 0$.

（3）$g(z) = \dfrac{1}{f(z)}$ 以 ∞ 为 m 级零点.

定理 5.3.3（对应定理 5.2.3） $f(z)$ 的孤立奇点 ∞ 为极点的充要条件是

$$\lim_{z \to \infty} f(z) = \infty.$$

定理 5.3.4（对应定理 5.2.4） $f(z)$ 的孤立奇点 ∞ 为本性奇点的充要条件是

$$\lim_{z \to \infty} f(z) \neq \begin{cases} b(\neq \infty), \\ \infty. \end{cases}$$

例 5.3.1　讨论函数 $f(z)=\dfrac{z^2-1}{(z-1)^3(z-2)}$ 的奇点(包括无穷远点).

解:因为 $f(z)$ 在扩充复平面上除 $z=1,2,\infty$ 外处处解析,故 $f(z)$ 的奇点有 $z=1,2,\infty$,且它们都是 $f(z)$ 的孤立奇点.

对于 $z=1$,它是分母的三级零点,是分子的单零点,从而是 $f(z)$ 的二级极点.

对于 $z=2$,它是分母的单零点,不是分子的零点或极点,从而是 $f(z)$ 的一级极点.

对于 $z=\infty$,它是分母的四级极点,是分子的二级极点,从而是 $f(z)$ 的二级零点.

例 5.3.2　讨论函数 $f(z)=\dfrac{\tan(z-1)}{z-1}$ 的奇点(包括无穷远点).

解:因为 $f(z)=\dfrac{\tan(z-1)}{z-1}=\dfrac{\sin(z-1)}{(z-1)\cos(z-1)}$ 在扩充复平面上除

$$z=1,\ z_k=1+\frac{2k+1}{2}\pi\quad(k\in\mathbb{Z}),z=\infty$$

外处处解析,故它们都是 $f(z)$ 的奇点.

对于 $z=1$,因为 $\lim\limits_{z\to1}\dfrac{\sin(z-1)}{(z-1)\cos(z-1)}=1$,所以是 $f(z)$ 的可去奇点.

对于每个 z_k,它们都是分母的单零点,不是分子的零点或极点,从而是 $f(z)$ 的单极点.

对于 $z=\infty$,因为 $\lim\limits_{k\to+\infty}z_k=+\infty$,所以 $z=\infty$ 是 $f(z)$ 的非孤立奇点.

例 5.3.3　设 $f(z)$ 在 $0<|z-a|<R$ 内解析,且不恒为零. 又存在一列异于 a 但以 a 为聚点的零点,试证 a 必为 $f(z)$ 的本性奇点.

证明:依题意设点列 $\{z_n\}$ 满足 $\lim\limits_{n\to\infty}z_n=a$ 且对每个 n 都有 $z_n\neq a$ 及 $f(z_n)=0$. 假设 a 为 $f(z)$ 的可去奇点,则补充定义 $f(a)=0$ 后,$f(z)$ 在 $|z-a|<R$ 内解析且以 a 为非孤立零点,从而 $f(z)\equiv0$,矛盾. 因此,a 不可能是 $f(z)$ 的可去奇点.

其次,a 也不可能是 $f(z)$ 的极点,否则 $\lim\limits_{z\to a}f(z)=\infty$,但这与 $\lim\limits_{n\to\infty}f(z_n)=0$ 矛盾. 因此,a 必为 $f(z)$ 的本性奇点. 证毕.

5.4　整函数与亚纯函数简介

定义 5.4.1　在全平面上解析的函数称为整函数.

设 $f(z)$ 为任一整函数,则 $f(z)$ 在 $z=0$ 有泰勒展式

$$f(z)=\sum_{n=0}^{\infty}c_nz^n,0\leqslant|z|<\infty.\qquad(5.4.1)$$

注意到此式也是 $f(z)$ 在孤立奇点 $z=\infty$ 的洛朗展式,其主要部分为 $\sum\limits_{n=1}^{\infty}c_nz^n$.

定理 5.4.1 设 $f(z)$ 为整函数,则

(1) ∞ 为 $f(z)$ 的可去奇点的充要条件是 $f(z)$ 为常数函数 c_0;

(2) ∞ 为 $f(z)$ 的 m 级极点的充要条件是 $f(z)$ 为一个 m 次多项式 $\sum\limits_{n=0}^{m} c_n z^n$ ($c_m \neq 0$);

(3) ∞ 为 $f(z)$ 的本性奇点的充要条件是展式(5.4.1)有无穷多个 c_n 不等于零. 此时,称这样的整函数为超越整函数.

指数函数 e^z,三角函数 $\sin z$ 与 $\cos z$ 都是超越整函数.

定义 5.4.2 在复平面上除极点外无其他类型奇点的单值解析函数称为亚纯函数.

有理函数 $R(z) = \dfrac{P(z)}{Q(z)}$(其中 $P(z)$ 与 $Q(z)$ 为互质多项式)是亚纯函数. 函数 $\dfrac{1}{e^z - 1}$ 也是亚纯函数,它有无穷多个极点 $z = 2k\pi i (k \in \mathbb{Z})$.

定义 5.4.3 非有理函数的亚纯函数称为超越亚纯函数.

这样,我们把亚纯函数族分成两类.

定理 5.4.2 函数 $f(z)$ 为有理函数的充要条件是 $f(z)$ 在扩充复平面上除了极点外没有其他类型的奇点.

证明:先证必要性. 设 $f(z)$ 为有理函数 $\dfrac{P(z)}{Q(z)}$,其中 $P(z)$ 为 m 次多项式,$Q(z)$ 为 n 次多项式,且彼此互质. 显然,在复平面上,有理函数 $f(z)$ 除分母 $Q(z)$ 的零点外处处解析,而 $Q(z)$ 的零点都是 $f(z)$ 的极点. 为此,我们只要考查 $z = \infty$ 是 $f(z)$ 的何种类型的奇点.

(1) 当 $m > n$ 时,由定理 5.3.2 中的条件(2)知,$z = \infty$ 是 $f(z)$ 的 $m - n$ 级极点;

(2) 当 $m \leqslant n$ 时,由 $\lim\limits_{z \to \infty} f(z)$ 为有限数知,$z = \infty$ 是 $f(z)$ 的可去奇点(解析点).

所以,$f(z)$ 在扩充复平面上除了极点外没有其他类型的奇点.

下证充分性. 在已知条件下,$f(z)$ 在扩充复平面上的极点只能有有限多个. 否则,这些极点在扩充复平面上的聚点就是 $f(z)$ 的非孤立奇点,与假设条件矛盾. 于是,设 $f(z)$ 在复平面上的极点为 $z_1, z_2, \cdots, z_n$,其重数分别为 $\lambda_1, \lambda_2, \cdots, \lambda_n$,则函数

$$g(z) = (z - z_1)^{\lambda_1} (z - z_2)^{\lambda_2} \cdots (z - z_n)^{\lambda_n} f(z)$$

在复平面上解析且以 $z = \infty$ 为极点或解析点,故由定理 5.4.1 知,$g(z)$ 为多项式. 因此,$f(z)$ 为有理函数. 定理得证.

例如,函数 $\dfrac{1}{e^z - 1}$ 是超越亚纯函数,因为它在扩充复平面上有非孤立奇点 $z = \infty$.

习　题　五

1. 下列函数在指定点的去心邻域内能否展成洛朗级数：

　(1) $\cos \dfrac{1}{z}, z=0$；　　　　　　　　　(2) $\dfrac{1}{\sin \dfrac{1}{z}}, z=0$.

2. 将下列各函数在指定圆环内展成洛朗级数：

　(1) $\dfrac{z+1}{z^2(z-1)}, 0<|z|<1, 1<|z|<\infty$；

　(2) $\dfrac{z^2-2z+5}{(z^2+1)(z-2)}, 1<|z|<2$.

3. 将下列各函数在指定点的去心邻域内展成洛朗级数，并指出其收敛范围：

　(1) $\dfrac{1}{(z^2+1)^2}, z=\mathrm{i}$；　　　　　　　(2) $\mathrm{e}^{\frac{1}{1-z}}, z=1$.

4. 设 $z=a$ 是函数 $f(z)$ 和 $g(z)$ 的孤立奇点，试讨论函数 $f(z) \cdot g(z), \dfrac{f(z)}{g(z)}, f(z)+$

$g(z)$ 在下列三种情况下在 $z=a$ 的奇点类型：

　(1) $z=a$ 是函数 $f(z)$ 的 m 级零点，是函数 $g(z)$ 的 n 级零点；

　(2) $z=a$ 是函数 $f(z)$ 的 m 级极点，是函数 $g(z)$ 的 n 级极点；

　(3) $z=a$ 是函数 $f(z)$ 的 m 级零点，是函数 $g(z)$ 的 n 级极点.

5. 判断下列函数的奇点及其类型（包括无穷远点）：

　(1) $\dfrac{1}{z(1-z^2)}$；　　　　　　　　　(2) $\dfrac{\sin z^3}{z^3}$；

　(3) $\cos \dfrac{1}{z+\mathrm{i}}$；　　　　　　　　(4) $\dfrac{1}{\mathrm{e}^z-1}$；

　(5) $\dfrac{1}{z^2}+\sin \dfrac{1}{z}$；　　　　　　(6) $\dfrac{1}{\mathrm{e}^z-1}-\dfrac{1}{z}$；

　(7) $\tan^2 z$；　　　　　　　　　　(8) $\dfrac{\mathrm{e}^{\frac{1}{1-z}}}{\mathrm{e}^z-1}$.

6. 设函数 $f(z)$ 不恒为零且以 $z=a$ 为解析点或极点，而函数 $g(z)$ 以 $z=a$ 为本性奇

点，试证：孤立奇点 $z=a$ 是 $f(z) \pm g(z), f(z) \cdot g(z)$ 以及 $\dfrac{g(z)}{f(z)}$ 的本性奇点.

7. 试证：扩充复平面上的解析函数必为常数（刘维尔定理）.

8. 思考：已知 $z=1$ 是函数 $f(z)=\dfrac{1}{z(z-1)^2}$ 的一个二级极点，但函数又有下列洛朗展式：

$$\frac{1}{z(z-1)^2}=\frac{1}{(z-1)^3}+\frac{1}{(z-1)^4}+\cdots \quad (1<|z-1|<\infty),$$

于是就说"$z=1$ 又是 $f(z)$ 的本性奇点". 这种说法对吗？

9*. 试证:在扩充复平面上只有一个一级极点的解析函数 $f(z)$ 必具有形式

$$f(z) = \frac{az+b}{cz+d} \quad (ad-bc \neq 0).$$

10*. 设函数 $f(z)$ 在点 a 解析,试证函数

$$g(z) = \begin{cases} \dfrac{f(z)-f(a)}{z-a}, & z \neq a, \\ f'(a), & z = a \end{cases}$$

在点 a 解析.

11*. 设幂级数 $f(z) = \displaystyle\sum_{n=1}^{\infty} a_n z_n$ 所表示的和函数 $f(z)$ 在其收敛圆周上只有唯一一级极点 z_0,试证 $\dfrac{a_n}{a_{n+1}} \to z_0$,从而 $\left| \dfrac{a_n}{a_{n+1}} \right| \to |z_0|$.

第6章 留数理论及其应用

留数理论是柯西积分定理和柯西积分公式的进一步发展,在复变函数论及其实际应用中均占有重要地位.本章将介绍留数的基本概念和计算方法,并应用留数解决某些实积分和广义积分的计算问题,同时还介绍了辐角原理和儒歇定理这两个重要结果.

6.1 留数

6.1.1 留数定理

定义 6.1.1 设 $f(z)$ 在 $0<|z-z_0|<R$ 内解析,则称积分

$$\frac{1}{2\pi i}\int_C f(z)\mathrm{d}z \quad (C:|z-z_0|=r,0<r<R) \tag{6.1.1}$$

为 $f(z)$ 在孤立奇点 z_0 的留数,记作 $\mathrm{Res}(f,z_0)$ 或者 $\underset{z=z_0}{\mathrm{Res}}f(z)$.

根据复围线柯西积分定理知,留数定义(6.1.1)中的积分曲线与 C 选择无关,只要它是 $0<|z-z_0|<R$ 内的任一简单闭曲线即可.因此,定义 6.1.1 中的留数 $\mathrm{Res}(f,z_0)$ 与圆周 C 的半径 r 无关.

留数与 $f(z)$ 的洛朗展式有着密切关系.事实上,从 $f(z)$ 在 $0<|z-z_0|<R$ 内的洛朗展式 $f(z)=\sum_{n=-\infty}^{\infty}c_n(z-z_0)^n$,及其在任一圆周 $C:|z-z_0|=r(0<r<R)$ 上一致收敛,可推得

$$\int_C f(z)\mathrm{d}z = \sum_{n=-\infty}^{\infty}c_n\int_C(z-z_0)^n\mathrm{d}z = 2\pi i \cdot c_{-1}.$$

即 $\mathrm{Res}(f,z_0)=c_{-1}$,也就是说 $\mathrm{Res}(f,z_0)$ 等于 $f(z)$ 在 z_0 的洛朗展式中 $\dfrac{1}{z-z_0}$ 这一项的系数,这也再次说明了留数 $\mathrm{Res}(f,z_0)$ 与圆周 C 的半径 r 无关.

定理 6.1.1(留数定理) 设 $f(z)$ 在围线(或复围线)C 所围的区域 D 内,除 $a_1,a_2,\cdots,a_n$ 外解析,在闭域 $\overline{D}=D+C$ 上除 $a_1,a_2,\cdots,a_n$ 外连续,则

$$\int_C f(z)\mathrm{d}z = 2\pi i\sum_{k=1}^{n}\mathrm{Res}(f,a_k).$$

证明: 对每个 $a_k(k=1,2,\cdots,n)$ 作以 a_k 为圆心,以充分小的 r_k 为半径的圆周 Γ_k,使得这些圆周及其内部均含于区域 D 并且彼此相互不相交(见图 6-1).应用复

围线柯西积分定理和留数的定义得

$$\int_C f(z)\mathrm{d}z = \sum_{k=1}^n \int_{\Gamma_k} f(z)\mathrm{d}z = 2\pi\mathrm{i}\sum_{k=1}^n \mathrm{Res}(f,a_k).$$

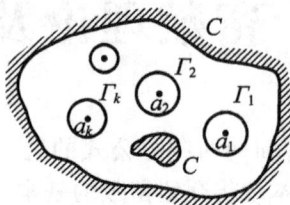

图 6-1

注:如果 a_k 为 $f(z)$ 的解析点或可去奇点,则 $\mathrm{Res}(f,a_k)=0$. 因此,若 $f(z)$ 在 (复)围线 C 所围的区域 D 内解析且连续到边界,则

$$\int_C f(z)\mathrm{d}z = 2\pi\mathrm{i}\sum_{k=1}^n \mathrm{Res}(f,a_k) = 0.$$

这就说明柯西积分定理是留数定理的特殊情形.

6.1.2 留数的计算

前面已经说明,留数可以通过洛朗展式来计算.本节主要讨论不直接用洛朗展式来计算留数的一些特殊技巧.以下假定孤立奇点 z_0 为 $f(z)$ 的极点.

情况 1:若 z_0 为 $f(z)$ 的一级极点,则

$$\mathrm{Res}(f,z_0) = \lim_{z\to z_0}(z-z_0)f(z). \tag{6.1.2}$$

证明:此时,我们有 $f(z) = \dfrac{\varphi(z)}{z-z_0}$,其中 $\varphi(z)$ 在 $|z-z_0|<R$ 内解析且 $\varphi(z_0)\neq 0$,设 $\varphi(z)$ 在 z_0 的泰勒展式为 $\varphi(z) = \sum_{n=0}^\infty b_n (z-z_0)^n$,这里 $b_0 = \varphi(z_0)\neq 0$. 于是 $f(z)$ 在 z_0 的洛朗展式中 $\dfrac{1}{z-z_0}$ 这一项的系数等于 $\varphi(z_0)$,故

$$\mathrm{Res}(f,z_0) = \varphi(z_0) = \lim_{z\to z_0}(z-z_0)f(z). \tag{6.1.3}$$

注:式(6.1.3)的第一个等式说明了柯西积分公式也是留数定理的特殊情形.

情况 2:若 z_0 为 $f(z)$ 的 m 级极点,则

$$\mathrm{Res}(f,z_0) = \frac{1}{(m-1)!}\lim_{z\to z_0}\left[(z-z_0)^m f(z)\right]^{(m-1)}. \tag{6.1.4}$$

证明:此时,设 $f(z) = \dfrac{\varphi(z)}{(z-z_0)^m}$,其中 $\varphi(z)$ 在 $|z-z_0|<R$ 内解析且 $\varphi(z_0)\neq 0$,再设 $\varphi(z)$ 在 z_0 的泰勒展式为 $\varphi(z) = \sum_{n=0}^\infty b_n (z-z_0)^n$,这里 $b_0 = \varphi(z_0)\neq 0$. 于是,

$$\mathrm{Res}(f,z_0) = b_{m-1}.$$

又因为

$$b_{m-1} = \frac{\varphi^{(m-1)}(z_0)}{(m-1)!} = \lim_{z \to z_0} \frac{\varphi^{(m-1)}(z)}{(m-1)!} = \frac{1}{(m-1)!} \lim_{z \to z_0} [(z-z_0)^m f(z)]^{(m-1)},$$

所以,式(6.1.4)成立.

情况 3:设 $f(z) = \frac{P(z)}{Q(z)}$,其中 $P(z),Q(z)$ 均在 z_0 内解析. 如果 $P(z_0) \neq 0$,$Q(z_0) = 0, Q'(z_0) \neq 0$,则

$$\text{Res}(f, z_0) = \frac{P(z_0)}{Q'(z_0)}. \tag{6.1.5}$$

证明:此时,z_0 为 $f(z)$ 的一级极点,因此由(6.1.3)得

$$\text{Res}(f, z_0) = \lim_{z \to z_0} (z-z_0) f(z) = \lim_{z \to z_0} (z-z_0) \frac{P(z)}{Q(z) - Q(z_0)} = \frac{P(z_0)}{Q'(z_0)}.$$

例 6.1.1 求函数 $f(z) = \frac{e^{iz}}{1+z^2}$ 在奇点处的留数.

解:$f(z)$ 有两个一级极点 $z = \pm i$,于是根据式(6.1.5)得

$$\text{Res}(f, i) = \frac{P(i)}{Q'(i)} = \frac{e^{i^2}}{2i} = -\frac{i}{2e},$$

$$\text{Res}(f, -i) = \frac{P(-i)}{Q'(-i)} = \frac{e^{-i^2}}{-2i} = \frac{i}{2}e.$$

例 6.1.2 求函数 $f(z) = \frac{e^{iz}}{z(1+z^2)^2}$ 在极点 $z = i$ 处的留数.

解:$z = i$ 为 $f(z)$ 的二级极点,于是由式(6.1.4)得

$$\text{Res}(f, i) = \lim_{z \to i} \left[(z-i)^2 \cdot \frac{e^{iz}}{z(1+z^2)^2} \right]' = \lim_{z \to i} \left[\frac{e^{iz}}{z(z+i)^2} \right]' = -\frac{3}{4e}.$$

例 6.1.3 计算积分 $\int_C \frac{z}{z^4-1} dz$,$C$ 为圆周 $|z| = 2$.

解:$f(z)$ 在 $|z| = 2$ 内部有四个一级极点 $\pm 1, \pm i$,故由留数定理知

$$\int_C \frac{z}{z^4-1} dz = 2\pi i [\text{Res}(f,1) + \text{Res}(f,-1) + \text{Res}(f,i) + \text{Res}(f,-i)]$$

$$= 2\pi i \left[\frac{z}{4z^3} \Big|_{z=1} + \frac{z}{4z^3} \Big|_{z=-1} + \frac{z}{4z^3} \Big|_{z=i} + \frac{z}{4z^3} \Big|_{z=-i} \right]$$

$$= 2\pi i \left[\frac{1}{4} + \frac{1}{4} - \frac{1}{4} - \frac{1}{4} \right] = 0.$$

6.1.3 无穷远点的留数

定义 6.1.2 设 $f(z)$ 在 $R \leqslant |z| < \infty$ 内解析,则称积分

$$\frac{1}{2\pi i} \int_{\Gamma^-} f(z) dz \quad (\Gamma: |z| = r, R \leqslant r < \infty)$$

为 $f(z)$ 在孤立奇点 ∞ 的留数,记作 $\text{Res}(f, \infty)$ 或者 $\underset{z=\infty}{\text{Res}} f(z)$.

设 $f(z)$ 在孤立奇点 ∞ 的洛朗展式为 $f(z) = \sum\limits_{n=-\infty}^{\infty} c_n z^n$,则

$$\text{Res}(f,\infty) = -\frac{1}{2\pi i}\int_{\Gamma^-} f(z)\mathrm{d}z = -c_{-1}.$$

无穷远点的留数还可以用下面的方法来计算.

令 $t = \dfrac{1}{z}$,则 $\varphi(t) = f\left(\dfrac{1}{t}\right) = f(z)$ 以 $t=0$ 为孤立奇点,圆周 $\Gamma: |z| = r > R$ 变为

圆周 $C: |t| = \dfrac{1}{r} < \dfrac{1}{R}$ 且方向相反,从而有

$$\frac{1}{2\pi i}\int_{\Gamma^-} f(z)\mathrm{d}z = \frac{1}{2\pi i}\int_C f\left(\frac{1}{t}\right)\cdot\left(-\frac{1}{t^2}\right)\mathrm{d}t = -\frac{1}{2\pi i}\int_C f\left(\frac{1}{t}\right)\cdot\frac{1}{t^2}\mathrm{d}t,$$

因此,

$$\text{Res}(f,\infty) = -\text{Res}\left[f\left(\frac{1}{t}\right)\cdot\frac{1}{t^2},0\right].$$

若 $f(z)$ 在扩充复平面上只有有限多个孤立奇点,则有下面定理.

定理 6.1.2 设 $f(z)$ 在扩充复平面上只有有限多个孤立奇点,记为 $a_1, a_2, \cdots,$ a_n, ∞,则 $f(z)$ 在各点的留数总和为零.

证明: 以原点为圆心作充分大的圆周 Γ 使得 $a_1, a_2, \cdots, a_n$ 全部含于 Γ 的内部, 则由留数定理知,

$$\int_{\Gamma} f(z)\mathrm{d}z = 2\pi i\sum_{k=1}^{n}\text{Res}(f,a_k),$$

从而有

$$\sum_{k=1}^{n}\text{Res}(f,a_k) + \text{Res}(f,\infty) = 0.$$

最后指出,若无穷远点是 $f(z)$ 的可去奇点(解析点),那么不一定有 $\text{Res}(f,\infty) = 0$, 如 $f(z) = 2 + \dfrac{1}{z}$.

6.2 留数的应用

本节我们主要介绍留数在积分计算中的某些应用.

6.2.1 计算形如 $\displaystyle\int_0^{2\pi} R(\sin x, \cos x)\mathrm{d}x$ 的积分

这里 $R(\sin x, \cos x)$ 表示关于 $\sin x$ 与 $\cos x$ 的有理函数并且在 $[0, 2\pi]$ 上 连续.

令 $\mathrm{e}^{\mathrm{i}x} = z$,则

$$\sin x = \frac{\mathrm{e}^{\mathrm{i}x} - \mathrm{e}^{-\mathrm{i}x}}{2\mathrm{i}} = \frac{z^2 - 1}{2\mathrm{i}z},\ \cos x = \frac{\mathrm{e}^{\mathrm{i}x} + \mathrm{e}^{-\mathrm{i}x}}{2} = \frac{z^2 + 1}{2z},\ \mathrm{d}x = \frac{\mathrm{d}z}{\mathrm{i}z},$$

其次，当 x 由 0 连续地变动到 2π 时，则 z 连续地在围线 $C:|z|=1$ 上变动一周，故有

$$\int_0^{2\pi} R(\sin x,\cos x)\mathrm{d}x = \int_C R\left(\frac{z^2-1}{2\mathrm{i}z},\frac{z^2+1}{2z}\right)\frac{\mathrm{d}z}{\mathrm{i}z}. \tag{6.2.1}$$

例 6.2.1 求 $\int_0^{2\pi}\dfrac{\mathrm{d}x}{1-2p\cos x+p^2}(0<p<1)$ 的值.

解：令 $\mathrm{e}^{\mathrm{i}x}=z$，则由式（6.2.1）得

$$\int_0^{2\pi}\frac{\mathrm{d}x}{1-2p\cos x+p^2}=\frac{-1}{\mathrm{i}}\int_C\frac{\mathrm{d}z}{pz^2-(p^2+1)+p}=\frac{-1}{\mathrm{i}p}\int_C\frac{\mathrm{d}z}{\left(z-\frac{1}{p}\right)(z-p)},$$

由于 $0<p<1$，故在 $|z|\leqslant 1$ 内，被积函数只有一个一级极点 $z=p$，于是

$$\int_0^{2\pi}\frac{\mathrm{d}x}{1-2p\cos x+p^2}=\frac{-1}{\mathrm{i}p}\cdot 2\pi\mathrm{i}\cdot\mathrm{Res}\left[\frac{1}{\left(z-\frac{1}{p}\right)(z-p)},p\right]=\frac{2\pi}{1-p^2}.$$

6.2.2　计算形如 $\int_{-\infty}^{+\infty}\dfrac{P(x)}{Q(x)}\mathrm{d}x$ 的积分

这里

$$P(x)=a_mx^m+a_{m-1}x^{m-1}+\cdots+a_1x+a_0,\ (a_m\neq 0),$$
$$Q(x)=b_nx^n+b_{n-1}x^{n-1}+\cdots+b_1x+b_0,\ (b_n\neq 0),$$

且 $(P(x),Q(x))=1,m-n\geqslant 2,Q(x)\neq 0$.

为方便起见，令 $f(x)=\dfrac{P(x)}{Q(x)}$. 首先根据数学分析的知识，$\int_{-\infty}^{+\infty}\dfrac{P(x)}{Q(x)}\mathrm{d}x$ 收敛并等于它的柯西主值，即

$$\int_{-\infty}^{+\infty}\frac{P(x)}{Q(x)}\mathrm{d}x=\mathrm{P.\,V.}\int_{-\infty}^{+\infty}\frac{P(x)}{Q(x)}\mathrm{d}x=\lim_{R\to+\infty}\int_{-R}^{R}\frac{P(x)}{Q(x)}\mathrm{d}x.$$

其次，因为多项式 $Q(z)$ 在复平面内只有有限多个极点，且由假设条件知，$Q(z)$ 在实轴上没有零点，于是，我们可以作辅助曲线 $C_R:z=R\mathrm{e}^{\mathrm{i}\theta}(0\leqslant\theta\leqslant\pi,R$ 充分大)（见图 6-2），使得由线段 $[-R,R]$ 及 C_R 组成的围线 Γ_R 内部包含 $f(z)$ 在上半平面内的一切极点. 由留数定理得

$$\int_{-R}^{R}f(z)\mathrm{d}z+\int_{C_R}f(z)\mathrm{d}z=\int_{\Gamma_R}f(z)\mathrm{d}z=2\pi\mathrm{i}\sum_{\mathrm{Im}z_k>0}^{n}\mathrm{Res}(f,z_k).$$

因此，

$$\int_{-\infty}^{+\infty}\frac{P(x)}{Q(x)}\mathrm{d}x=2\pi\mathrm{i}\sum_{\mathrm{Im}z_k>0}^{n}\mathrm{Res}(f,z_k)-\lim_{R\to+\infty}\int_{C_R}f(z)\mathrm{d}z. \tag{6.2.2}$$

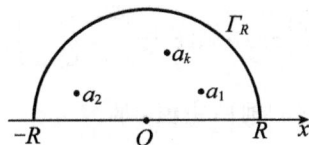

图 6-2

为此,我们还需要借助下述引理来计算沿辅助曲线 C_R 的积分.

引理 6.2.1 设 $f(z)$ 在圆弧 $C_R: z = Re^{i\theta}(\alpha \leqslant \theta \leqslant \beta, R$ 充分大$)$ 上连续,并且在 C_R 上关于 θ 一致成立 $\lim\limits_{R \to +\infty} z \cdot f(z) = k$,则

$$\lim_{R \to +\infty} \int_{C_R} f(z) dz = i(\beta - \alpha)k.$$

证明: 由已知条件知,对 $\forall \varepsilon > 0$,存在 R_0 使得当 $R \geqslant R_0$ 时,对一切 $z \in C_R$ 一致有

$$|zf(z) - k| < \frac{\varepsilon}{\beta - \alpha}.$$

又注意到 $i(\beta - \alpha)k = k \int_{C_R} \dfrac{dz}{z}$,因此

$$\left| \int_{C_R} f(z) dz - [i(\beta - \alpha)k] \right| = \left| \int_{C_R} \frac{zf(z) - k}{z} dz \right| < \frac{\varepsilon}{\beta - \alpha} \cdot \frac{1}{R} \cdot L = \varepsilon,$$

其中 L 表示圆弧 C_R 的长度(等于$(\beta - \alpha)R$). 于是引理得证.

例 6.2.2 求 $\int_{-\infty}^{+\infty} \dfrac{x^2}{(x^2 + 4)(x^2 + 1)} dx$ 的值.

解: 令 $f(z) = \dfrac{z^2}{(z^2 + 4)(z^2 + 1)}$,它在上半平面内仅有一级极点 $z = i$ 及 $z = 2i$. 由式(6.2.2)知

$$\int_{-\infty}^{+\infty} \frac{x^2}{(x^2 + 4)(x^2 + 1)} dx = 2\pi i \sum_{\text{Im} z_k > 0}^{n} \text{Res}(f, z_k) - \lim_{R \to +\infty} \int_{C_R} f(z) dz,$$

其中 $C_R: z = Re^{i\theta}(0 \leqslant \theta \leqslant \pi)$,$R$ 充分大. 首先,

$$2\pi i \sum_{\text{Im} z_k > 0}^{n} \text{Res}(f, z_k) = 2\pi i[\text{Res}(f, 2i) + \text{Res}(f, i)] = 2\pi i\left(\frac{1}{3i} - \frac{1}{6i}\right) = \frac{\pi}{3}.$$

其次,由于在圆弧 C_R 上一致成立 $\lim\limits_{R \to +\infty} z \cdot f(z) = 0$,于是由引理 6.2.1 知

$$\lim_{R \to +\infty} \int_{C_R} f(z) dz = 0.$$

于是综合以上各式得

$$\int_{-\infty}^{+\infty} \frac{x^2}{(x^2 + 4)(x^2 + 1)} dx = \frac{\pi}{3}.$$

6.2.3 计算形如 $\int_{-\infty}^{+\infty} \dfrac{P(x)}{Q(x)} e^{i\alpha x} dx(\alpha > 0)$ 的积分

这里 $P(x)$ 与 $Q(x)$ 是互质多项式,且 $Q(x)$ 的次数比 $P(x)$ 的次数高,$Q(z)$ 在实轴不等于零. 因为 $\int_{-\infty}^{+\infty} \dfrac{P(x)}{Q(x)} \cos \alpha x \, dx$ 与 $\int_{-\infty}^{+\infty} \dfrac{P(x)}{Q(x)} \sin \alpha x \, dx(\alpha > 0)$ 收敛,所以 $\int_{-\infty}^{+\infty} \dfrac{P(x)}{Q(x)} e^{i\alpha x} dx$ 收敛并等于它的柯西主值,即

$$\int_{-\infty}^{+\infty} \frac{P(x)}{Q(x)} e^{i\alpha x} dx = \text{P. V.} \int_{-\infty}^{+\infty} \frac{P(x)}{Q(x)} e^{i\alpha x} dx = \lim_{R \to +\infty} \int_{-R}^{R} \frac{P(x)}{Q(x)} e^{i\alpha x} dx.$$

其次，与前面 6.2.2 节的讨论类似，并沿用前面的记号，其中 $f(x) = \dfrac{P(x)}{Q(x)}$，有

$$\int_{-\infty}^{+\infty} \frac{P(x)}{Q(x)} \mathrm{e}^{\mathrm{i}\alpha x}\,\mathrm{d}x = 2\pi\mathrm{i} \sum_{\mathrm{Im}z_k>0}^{n} \mathrm{Res}(f(z)\mathrm{e}^{\mathrm{i}\alpha z}, z_k) - \lim_{R\to+\infty}\int_{C_R} f(z)\mathrm{e}^{\mathrm{i}\alpha z}\,\mathrm{d}z.$$

$$(6.2.3)$$

为此，我们还需要一个相应于引理 6.2.1 的结果.

引理 6.2.2(若尔当引理)　设 $f(z)$ 在半圆周 $C_R: z = R\mathrm{e}^{\mathrm{i}\theta}(0\leqslant\theta\leqslant\pi, R$ 充分大)上连续，并且 $\lim\limits_{R\to+\infty} f(z) = 0$ 在 C_R 上关于 θ 一致成立，则

$$\lim_{R\to+\infty}\int_{C_R} f(z)\mathrm{e}^{\mathrm{i}\alpha z}\,\mathrm{d}z = 0 \ (\alpha>0).$$

证明： 由已知条件知，对 $\forall \varepsilon>0$，存在 R_0 使得当 $R\geqslant R_0$ 时，对一切 $z\in C_R$ 一致有

$$|f(z)|<\varepsilon.$$

于是，当 $z\in C_R$ 时，

$$|f(z)\mathrm{e}^{\mathrm{i}\alpha z}| = |f(R\mathrm{e}^{\mathrm{i}\theta})\mathrm{e}^{\mathrm{i}\alpha(R\cos\theta+\mathrm{i}R\sin\theta)}| < \varepsilon\mathrm{e}^{-\alpha R\sin\theta},$$

结合若尔当不等式

$$\frac{2\theta}{\pi} \leqslant \sin\theta \leqslant \theta \quad \left(0\leqslant\theta\leqslant\frac{\pi}{2}\right),$$

可得

$$\left|\int_{C_R} f(z)\mathrm{e}^{\mathrm{i}\alpha z}\,\mathrm{d}z\right| = \left|\int_0^\pi f(R\mathrm{e}^{\mathrm{i}\theta})\mathrm{e}^{\mathrm{i}\alpha(R\cos\theta+\mathrm{i}R\sin\theta)}\mathrm{i}R\mathrm{e}^{\mathrm{i}\theta}\,\mathrm{d}\theta\right|$$

$$\leqslant R\varepsilon\left|\int_0^\pi \mathrm{e}^{-\alpha R\sin\theta}\,\mathrm{d}\theta\right| = 2R\varepsilon\int_0^{\frac{\pi}{2}} \mathrm{e}^{-\alpha R\sin\theta}\,\mathrm{d}\theta$$

$$\leqslant 2R\varepsilon\int_0^{\frac{\pi}{2}} \mathrm{e}^{-\alpha R\frac{2\theta}{\pi}}\,\mathrm{d}\theta = \frac{\pi\varepsilon}{\alpha}(1-\mathrm{e}^{-\alpha R}) < \frac{\pi\varepsilon}{\alpha}.$$

因此，引理 6.2.2 成立.

例 6.2.3　求 $\displaystyle\int_{-\infty}^{+\infty} \frac{\mathrm{e}^{\mathrm{i}x}}{x^2+a^2}\,\mathrm{d}x(a>0)$.

解： 令 $f(z) = \dfrac{1}{z^2+a^2}$，它在上半平面内只有一个一级极点 $z = a\mathrm{i}$. 由式(6.2.3)知

$$\int_{-\infty}^{+\infty} \frac{\mathrm{e}^{\mathrm{i}x}}{x^2+a^2}\,\mathrm{d}x = 2\pi\mathrm{i} \sum_{\mathrm{Im}z_k>0}^{n} \mathrm{Res}(f(z)\mathrm{e}^{\mathrm{i}\alpha z}, z_k) - \lim_{R\to+\infty}\int_{C_R} f(z)\mathrm{e}^{\mathrm{i}\alpha z}\,\mathrm{d}z,$$

其中 $C_R: z = R\mathrm{e}^{\mathrm{i}\theta}(0\leqslant\theta\leqslant\pi)$，$R$ 充分大.

由于 $\lim\limits_{R\to+\infty} f(z) = 0$ 在 C_R 上关于 θ 一致成立，故由引理 6.2.2 知

$$\lim_{R\to+\infty}\int_{C_R} f(z)\mathrm{e}^{\mathrm{i}\alpha z}\,\mathrm{d}z = 0.$$

另一方面，

$$2\pi\mathrm{i} \cdot \mathrm{Res}(f(z)\mathrm{e}^{\mathrm{i}\alpha z}, a\mathrm{i}) = \frac{\pi}{a\mathrm{e}^a},$$

所以 $\int_{-\infty}^{+\infty} \dfrac{e^{ix}}{x^2+a^2}dx = \dfrac{\pi}{ae^a}$.

例 6.2.4 求 $\int_0^{+\infty} \dfrac{\cos x}{x^2+1}dx$.

解：由于对任意 $R>0$ 均有

$$\int_0^R \frac{\cos x}{x^2+1}dx = \int_0^R \frac{e^{ix}+e^{-ix}}{2(x^2+1)}dx = \frac{1}{2}\int_{-R}^R \frac{e^{ix}}{x^2+1}dx.$$

令 $f(z) = \dfrac{1}{z^2+1}$，则 $f(z)$ 在 $\Gamma_R = C_R + [-R,R]$（R 充分大）内只有一个一级极点 $z=i$.

故

$$\int_0^{+\infty} \frac{\cos x}{x^2+1}dx = \frac{1}{2}\left[2\pi i \sum_{\text{Im}z_k>0}^n \text{Res}(f(z)e^{iax},z_k) - \lim_{R\to+\infty}\int_{C_R} f(z)e^{iax}dz\right]$$

$$= \frac{1}{2}\cdot 2\pi i \cdot \text{Res}\left(\frac{e^{iz}}{z^2+1},i\right) = \frac{\pi}{2e}.$$

6.2.4　计算积分路径上有奇点的积分

前面三种类型的积分在其积分路径上都没有奇点.当积分路径上有奇点时,我们常常作一段小圆弧 S_r 绕过奇点（图 6-3）.为此,我们直接给出下面引理来计算沿 S_r 的积分.

引理 6.2.3　设 $f(z)$ 在圆弧 S_r：$z-a=re^{i\theta}$（$\alpha\leqslant\theta\leqslant\beta$，$r$ 充分小）上连续,并且 $\lim\limits_{R\to+\infty}(z-a)\cdot f(z)=\lambda$ 在 S_r 上关于 θ 一致成立,则

$$\lim_{r\to 0}\int_{S_r} f(z)dz = i(\beta-\alpha)\lambda.$$

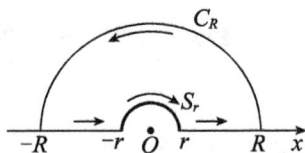

图 6-3

例 6.2.5　计算积分 $\int_0^{+\infty} \dfrac{\sin x}{x}dx$.

解：因为积分 $\int_0^{+\infty} \dfrac{\sin x}{x}dx$ 收敛且

$$\int_0^{+\infty} \frac{\sin x}{x}dx = \frac{1}{2}\int_{-\infty}^{+\infty} \frac{\sin x}{x}dx = \frac{1}{2}\cdot\left(\text{P. V.}\int_{-\infty}^{+\infty} \frac{\sin x}{x}dx\right).$$

考虑函数 $f(z) = \dfrac{e^{iz}}{z}$.作如图 6-3 所示的闭曲线路径 $\Gamma = [-R,-r] + S_r^- + [r,R] + C_R$,则函数 $f(z)$ 在 Γ 的内部解析且连续到边界.于是

$$\int_{-R}^{-r} \frac{e^{ix}}{x}dx - \int_{S_r} \frac{e^{iz}}{z}dz + \int_r^R \frac{e^{ix}}{x}dx + \int_{C_R} \frac{e^{iz}}{z}dz = \int_\Gamma f(z)dz = 0. \quad (6.2.4)$$

由引理 6.2.2 知，

$$\lim_{R \to +\infty} \int_{C_R} \frac{e^{iz}}{z} dz = 0.$$

由引理 6.2.3 知，

$$\lim_{r \to 0} \int_{S_r} \frac{e^{iz}}{z} dz = i\pi.$$

在式(6.2.4)中，取极限 $r \to 0, R \to +\infty$ 即得 $\int_{-\infty}^{+\infty} \frac{e^{ix}}{x} dx$ 的柯西主值

$$P. V. \int_{-\infty}^{+\infty} \frac{e^{ix}}{x} dx = i\pi,$$

所以，

$$\int_0^{+\infty} \frac{\sin x}{x} dx = \frac{1}{2} \cdot \left(P. V. \int_{-\infty}^{+\infty} \frac{\sin x}{x} dx \right) = \frac{\pi}{2}.$$

6.3　辐角原理及其应用

6.3.1　对数留数

引理 6.3.1　设 $f(z)$ 在 a 的某去心邻域内解析，那么

(1) 若 a 为 $f(z)$ 的 n 级零点，则 a 必是 $\frac{f'(z)}{f(z)}$ 的一级极点，且 $\text{Res}\left(\frac{f'(z)}{f(z)}, a \right) = n$；

(2) 若 b 为 $f(z)$ 的 m 级极点，则 b 必是 $\frac{f'(z)}{f(z)}$ 的一级极点，且 $\text{Res}\left(\frac{f'(z)}{f(z)}, b \right) = -m$.

证明：(1) 当 a 为 $f(z)$ 的 n 级零点时，有 $f(z) = (z-a)^n g(z)$，其中 $g(z)$ 在点 a 解析，且 $g(a) \neq 0$. 于是

$$f'(z) = n(z-a)^{n-1} g(z) + g'(z)(z-a)^n,$$

从而

$$\frac{f'(z)}{f(z)} = \frac{n}{z-a} + \frac{g'(z)}{g(z)}.$$

又由于 $\frac{g'(z)}{g(z)}$ 在点 a 解析，所以 a 是 $\frac{f'(z)}{f(z)}$ 的一级极点，且 $\text{Res}\left(\frac{f'(z)}{f(z)}, a \right) = n$.

(2) 当 b 为 $f(z)$ 的 m 级极点，则有 $f(z) = \frac{h(z)}{(z-a)^m}$，其中 $h(z)$ 在点 a 解析，且 $h(a) \neq 0$. 于是

$$\frac{f'(z)}{f(z)} = \frac{-m}{z-a} + \frac{h'(z)}{h(z)}.$$

由于 $\frac{h'(z)}{h(z)}$ 在点 a 解析，故 a 为 $\frac{f'(z)}{f(z)}$ 的一级极点，且 $\text{Res}\left(\frac{f'(z)}{f(z)}, b \right) = -m$.

由此可见，对数留数与亚纯函数的零点和极点的个数有密切关系.

定理 6.3.1 设 C 为围线，$f(z)$ 满足

(1) $f(z)$ 在 C 内除可能极点外解析；

(2) $f(z)$ 在 C 上解析且不取零，

则

$$\frac{1}{2\pi i}\int_C \frac{f'(z)}{f(z)}dz = N(f,C) - P(f,C), \tag{6.3.1}$$

其中 $N(f,C)$ 与 $P(f,C)$ 分别表示 $f(z)$ 在 C 内部零点个数与极点个数，几级算几个.

证明：先证 $f(z)$ 在 C 内只有有限个零点与极点. 首先，已知条件蕴含 $f(z)$ 在 C 内不恒为零. 其次，假设 $f(z)$ 在 C 内有无穷多个零点，记为 $\{z_n\}$，则该零点序列有收敛子列，不妨仍记为 $\{z_n\}$. 设 $\{z_n\}$ 收敛于点 z_0. 但无论 z_0 是在 C 的内部还是在 C 上，都与已知条件矛盾. 故 $f(z)$ 在 C 内只有有限多个零点. 将类似的讨论用于函数 $\frac{1}{f(z)}$，则可证 $f(z)$ 在 C 内只有有限多个极点.

设 $a_k(k=1,2,\cdots,p)$ 为 f 在 C 内部不同的零点，其级分别为 n_k，$b_j(j=1,2,\cdots,q)$ 为 f 在 C 内部不同的极点，其级分别为 m_j. 由已知条件知，$\frac{f'(z)}{f(z)}$ 在 C 上解析，在 C 内部除 a_k 与 b_j 外处处解析. 故由留数定理及引理 6.3.1，得

$$\frac{1}{2\pi i}\int_C \frac{f'(z)}{f(z)}dz = \sum_{k=1}^{p} \text{Res}\left(\frac{f'(z)}{f(z)}, a_k\right) + \sum_{j=1}^{q} \text{Res}\left(\frac{f'(z)}{f(z)}, b_j\right)$$

$$= \sum_{k=1}^{p} n_k + \sum_{j=1}^{q} (-m_j) = N(f,C) - P(f,C).$$

6.3.2 辐角原理

在式 (6.3.1) 中，我们将左边的对数积分改写成

$$\frac{1}{2\pi i}\int_C \frac{f'(z)}{f(z)}dz = \frac{1}{2\pi i}\int_C d(\ln f(z)) = \frac{1}{2\pi i}\left[\int_C d(|\ln f(z)|) + i\int_C d(\arg f(z))\right].$$

再设 $C: z = z(t)$ $(t: \alpha \rightarrow \beta, z_0 = z(\alpha) = z(\beta))$. 由于函数 $|\ln f(z)|$ 是 z 的单值函数，所以直接用复积分的计算公式得

$$\int_C d(|\ln f(z)|) = |\ln f(z_0)| - |\ln f(z_0)| = 0.$$

而函数 $\arg f(z)$ 是多值函数，故当 z_0 沿 C 的正方向绕行一周后，$w = f(z)$ 可能在 w 平面上绕原点若干周（见图 6-4），于是

$$\int_C d(\arg f(z)) = \Delta_C \arg f(z),$$

这里 $\Delta_C \arg f(z)$ 称为 $f(z)$ 沿 C 的辐角改变量，它一定是 2π 的整数倍.

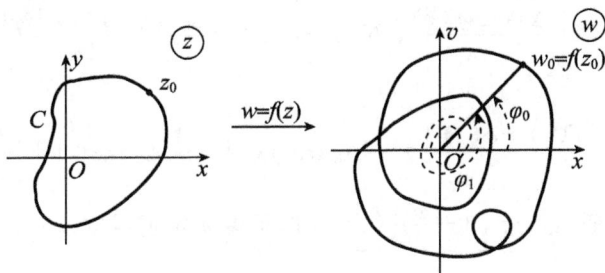

图 6-4

这样,定理 6.3.1 就可以改写为

定理 6.3.2(辐角原理) 在定理 6.3.1 的条件下,我们有

$$N(f,C) - P(f,C) = \frac{\Delta_C \arg f(z)}{2\pi}.$$

特别地,若 $f(z)$ 在 C 内部解析,则

$$N(f,C) = \frac{\Delta_C \arg f(z)}{2\pi}.$$

注:定理 6.3.1 的条件(2)可以减弱为"$f(z)$ 连续到边界 C 且在 C 不取零",这样辐角原理的条件也就相应减弱.

例 6.3.1 设 $f(z) = (z-1)(z-2)^2(z-4)$,C:$|z| = 3$.试验证辐角原理.

解:因为 $f(z)$ 在复平面内解析,在 C 不等于零,满足辐角原理条件. $f(z)$ 在 $|z| = 3$ 内部有一个单零点 $z = 1$ 和一个二级零点 $z = 2$,所以 $N(f,C) = 3$. 另一方面

$$\Delta_C \arg f(z) = \Delta_C \arg (z-1) + 2\Delta_C \arg (z-2) + \Delta_C \arg (z-4) = 6\pi.$$

因此,

$$N(f,C) = \frac{\Delta_C \arg f(z)}{2\pi}.$$

6.3.3 儒歇定理

由辐角原理即可推出下面的重要定理,它在考察函数的零点分布时能发挥重要作用.

定理 6.3.3(儒歇(Rouché)定理) 设 C 为围线,$f(z)$ 与 $\varphi(z)$ 满足条件:

(1) 它们在 C 的内部均解析,且连续到 C;

(2) 在 C 上,$|f(z)| > |\varphi(z)|$,

则 $f(z)$ 与 $f(z) + \varphi(z)$ 在 C 的内部有相同个数的零点(有计重数),即

$$N(f+\varphi, C) = N(f,C).$$

证明:由于在 C 上,

$$|f(z)| > |\varphi(z)| \geqslant 0, |f(z) + \varphi(z)| \geqslant |f(z)| - |\varphi(z)| > 0,$$

故 $f(z)$ 与 $f(z) + \varphi(z)$ 均在 C 上没有零点,从而满足辐角原理的条件,于是

$$N(f,C)=\frac{\Delta_C \arg f(z)}{2\pi}, \quad N(f+\varphi,C)=\frac{\Delta_C \arg [f(z)+\varphi(z)]}{2\pi}.$$

注意到

$$\frac{\Delta_C \arg [f(z)+\varphi(z)]}{2\pi}=\frac{1}{2\pi}\Delta_C \arg f(z)+\frac{1}{2\pi}\Delta_C \arg \left[1+\frac{\varphi(z)}{f(z)}\right],$$

故下面我们只要证 $\Delta_C \arg \left[1+\dfrac{\varphi(z)}{f(z)}\right]=0$ 即可说明定理成立.

当 z 在 C 上连续变动一周时,由于 $\left|\dfrac{\varphi(z)}{f(z)}\right|<1$,所以 $w=1+\dfrac{\varphi(z)}{f(z)}$ 在 w 平面的轨迹完全位于单位圆盘 $|w-1|<1$ 内,即 $w=1+\dfrac{\varphi(z)}{f(z)}$ 不会绕着 $w=0$ 转动. 故辐角改变量

$$\Delta_C \arg \left[1+\frac{\varphi(z)}{f(z)}\right]=0.$$

例 6.3.2 求 $z^8-5z^5-2z+1=0$ 在单位圆 $|z|<1$ 内根的个数.

解:设 $f(z)=-5z^5, \varphi(z)=z^8-2z+1$,则它们在 $|z|\leqslant 1$ 上解析,并且在 $|z|=1$ 上,

$$|\varphi(z)|=|z^8-2z+1|\leqslant |z^8|+|-2z|+1=4<5=|f(z)|.$$

由儒歇定理知,$f(z)$ 与 $f(z)+\varphi(z)$ 在单位圆 $|z|<1$ 内有相同个数的零点. 由于 $-5z^5$ 在 $|z|<1$ 有 5 个零点,所以 $z^8-5z^5-2z+1=f(z)+\varphi(z)$ 在 $|z|<1$ 也有 5 个零点.

注:一般地说,如果多项式

$$P(z)=a_n z^n+\cdots+a_k z^k+\cdots+a_1 z+a_0 \quad (a_n\neq 0)$$

存在某个系数 a_k 使得

$$|a_k|>|a_n|+\cdots+|a_{k+1}|+|a_{k-1}|+\cdots+|a_1|+|a_0|,$$

则 $P(z)$ 在单位圆 $|z|<1$ 内有 k 个零点.

例 6.3.3 试证:当 $|a|>e$ 时,方程 $e^z-az^n=0$ 在单位圆 $|z|<1$ 内有 n 个根.

证明:令 $f(z)=-az^n, \varphi(z)=e^z$,则它们在 $|z|\leqslant 1$ 上解析,并且在 $|z|=1$ 上,

$$|\varphi(z)|=|e^z|=e^{\mathrm{Re}z}\leqslant e^{|z|}=e<|a|=|f(z)|.$$

由儒歇定理知,$f(z)$ 与 $f(z)+\varphi(z)$ 在单位圆 $|z|<1$ 内有相同个数的零点. 由于 $-az^n$ 在 $|z|<1$ 有 n 个零点,所以方程 $f(z)+\varphi(z)=e^z-az^n=0$ 在 $|z|<1$ 内有 n 个根.

例 6.3.4 试证:方程 $z^7-z^3+12=0$ 的根全在圆环 $1<|z|<2$ 内.

证明:首先,由前面的注知道方程 $z^7-z^3+12=0$ 在单位圆 $|z|<1$ 内没有根. 其次,令 $f(z)=z^7, \varphi(z)=-z^3+12$,则它们在 $|z|\leqslant 2$ 上解析,并且在 $|z|=2$ 上,

$$|\varphi(z)|=|-z^3+12|\leqslant |-z^3|+12=20<128=|z^7|=|f(z)|.$$

因此,由儒歇定理和代数基本定理知,方程 $z^7-z^3+12=0$ 的根全部位于圆盘 $|z|<2$. 最后,我们只要说明方程在 $|z|=1$ 上没有根即可. 事实上,在 $|z|=1$ 上

$$|z^7-z^3|\leqslant|z^7|+|z^3|=2,$$
$$|z^7-z^3+12|\geqslant12-|z^7-z^3|\geqslant10>0.$$

故方程 $z^7-z^3+12=0$ 的根全在圆环 $1<|z|<2$ 内.

习 题 六

1. 计算下列函数在指定点的留数.

　(1) $f(z)=\dfrac{z^2}{1+z^2}$, $z=\pm i$;　　　　　(2) $f(z)=\dfrac{(1-e^{2z})}{z^4}$, $z=0$;

　(3) $f(z)=z^2\sin\dfrac{1}{z}$, $z=0$;　　　　　(4) $e^{\frac{1}{1-z}}$, $z=1$.

2. 计算下列积分.

　(1) $\displaystyle\int_C\dfrac{z\,dz}{(z-1)(z-2)^2}$, C: $|z|=3$;

　(2) $\displaystyle\int_C\dfrac{e^{zi}\,dz}{1+z^2}$, C: $|z|=2$;

　(3) $\displaystyle\int_C\dfrac{dz}{z\sin z}$, C: $|z|=1$.

3. 计算积分 $\displaystyle\int_C\dfrac{z\,dz}{(z-1)(z-3)(z+i)^{10}}$, C: $|z|=2$.

4. 计算下列积分.

　(1) $\displaystyle\int_0^{2\pi}\dfrac{1}{a+\cos\theta}d\theta$, $a>1$;　　　(2) $\displaystyle\int_0^{2\pi}\dfrac{4}{5+4\sin x}dx$;

　(3) $\displaystyle\int_{-\infty}^{+\infty}\dfrac{x^2}{(x^2+a^2)^2}dx$, $a>0$;　　(4) $\displaystyle\int_0^{+\infty}\dfrac{x\sin x}{1+x^2}dx$.

5. 证明:方程 $e^{z-\lambda}=z$ ($\lambda>1$)在单位圆 $|z|<1$ 内恰有一个根,且为实根.

6. 试证:方程 $e^z-e^\lambda z^n=0$ ($\lambda>1$)在单位圆 $|z|<1$ 内有 n 个根.

7. 试证:方程 $\sin z=2z^4-7z+1$ 在单位圆 $|z|<1$ 内恰有一个根.

8. 设 $f(z)$ 在点 a 解析且 a 为 $g(z)$ 的一阶极点,$\text{Res}(g,a)=b$,试证:
$$\text{Res}[f(z)\cdot g(z),a]=b\cdot f(a).$$

9*. 设 $f(z)$ 在 $|z|<1$ 内解析,在 $|z|\leqslant1$ 上连续,试证
$$(1-|z|^2)f(z)=\dfrac{1}{2\pi i}\int_{C:|z|=1}f(\xi)\left(\dfrac{1-\bar{z}\xi}{\xi-z}\right)d\xi,$$

　其中 z 属于 C 的内部.

10*. 利用泊松(Poisson)积分
$$\int_0^{+\infty}e^{-t^2}dt=\dfrac{\sqrt{\pi}}{2}$$

　计算菲涅耳(Fresnel)积分
$$\int_0^{+\infty}\cos x^2\,dx \ \text{及}\int_0^{+\infty}\sin x^2\,dx.$$

第 7 章　共形映射

前几章用分析的方法研究了解析函数的性质与应用. 本章将从几何的角度来简要介绍单叶解析函数所构成的变换的某些重要性质.

7.1　解析函数的映射性质

7.1.1　单叶解析函数

定义 7.1.1　设函数 $f(z)$ 在区域 D 内有定义, 且对 D 内的任意不同的两点 z_1 和 z_2 都有 $f(z_1) \neq f(z_2)$, 则称函数 $f(z)$ 在 D 内是单叶的, 并且称区域 D 为 $f(z)$ 的单叶性区域.

定理 7.1.1　若函数 $f(z)$ 在区域 D 内单叶解析, 则在 D 内 $f'(z) \neq 0$.

证明: 假设 D 内有点 z_0 使得 $f'(z_0) = 0$, 则 z_0 必为 $h(z) = f(z) - f(z_0)$ 的零点, 设其重数为 $n(n \geq 2)$. 对 $h(z)$ 和 $h'(z)$ 应用零点的孤立性知, 存在 $\Delta(z_0, \delta)$ 使得 $h(z)$ 和 $h'(z)$ 在 $\overline{\Delta(z_0, \delta)}$ 上解析, 且

$$h(z) \neq 0, h'(z) \neq 0, \forall z \in \Delta(z_0, \delta) \setminus \{z_0\}.$$

令 m 为 $|h(z)|$ 在圆周 $\partial \Delta$ 上的最小值 (某正数), 则由儒歇定理知, 当 $0 < |-a| < m$ 时, 函数 $h(z) - a$ 亦在 $\Delta(z_0, \delta)$ 内恰有 n 个零点. 显然, 这些零点均不等于 z_0, 但由 $h'(z) \neq 0$ 知, 它们都是 $h(z) - a$ 的单零点, 于是, $f(z)$ 在这 n 个互异点的函数值都是 $f(z_0) + a$, 这与 $f(z)$ 的单叶性相矛盾. 于是定理得证.

定理 7.1.1 的逆定理是不成立的. 比如, 指数函数 e^z 在全平面上的导数都不等于零, 但它不是在全平面内单叶. 尽管如此, 我们有如下局部单叶性结果.

定理 7.1.2　设函数 $w = f(z)$ 在 z_0 解析且 $f'(z_0) \neq 0$, 则 $f(z)$ 在 z_0 的一个邻域内单叶解析.

证明: 设 $w_0 = f(z_0)$, 由已知条件知, $f(z) - w_0$ 以 z_0 为一级零点. 由零点的孤立性知, 存在充分小的 $\rho > 0$, 使得 $f(z) - w_0$ 在 $\overline{\Delta(z_0, \rho)} \setminus \{z_0\}$ 上无零点. 令 m 为 $|f(z) - w_0|$ 在圆周 $\partial \Delta$ 上的最小值 (某正数). 一方面, 由于 $f(z) - w_0$ 在 z_0 处连续, 故存在 $\delta > 0$ 使得当 z 属于 $\overline{\Delta(z_0, \delta)} \subset \overline{\Delta(z_0, \rho)}$ 时, 有

$$|f(z) - w_0| < m. \tag{7.1.1}$$

另一方面, 若 $f(z)$ 在 $\Delta(z_0, \delta)$ 不单叶, 则在 $\Delta(z_0, \delta)$ 内至少存在两个不同的点

z_1 与 z_2 使得

$$f(z_1) = f(z_2) = w^*,$$

从而由式(7.1.1)知，

$$|w^* - w_0| < m.$$

注意到

$$f(z) - w^* = [f(z) - w_0] + [w_0 - w^*],$$

故在 $\Delta(z_0, \rho)$ 的边界 $\partial\Delta$ 上应用儒歇定理后，$f(z) - w^*$ 与 $f(z) - w_0$ 在 $\Delta(z_0, \rho)$ 内有相同多的零点. 但这与 $N(f(z) - w^*, \partial\Delta) \geqslant 2, N(f(z) - w_0, \partial\Delta) = 1$ 矛盾. 故 $f(z)$ 在 $\Delta(z_0, \delta)$ 内是单叶的.

7.1.2　解析函数的保域性

定理 7.1.3　设 $w = f(z)$ 在区域 D 内解析且不恒为常数，则 D 的像 $G = f(D)$ 也是一个区域.

证明：先证 G 是开集. 设 $w_0 \in G$，则存在 $z_0 \in D$ 使得 $w_0 = f(z_0)$. 要证存在充分小的 $\varepsilon > 0$，使得对 $\forall w^*: |w^* - w_0| < \varepsilon$，方程 $f(z) - w^* = 0$ 在 D 内有根. 事实上，类似定理 7.1.2 证明的后面部分，应用儒歇定理可得，$f(z) - w^*$ 与 $f(z) - w_0$ 在 z_0 的某邻域内有相同多的零点，故方程 $f(z) - w^* = 0$ 在 D 内有根.

再证 G 是连通的，即要证 G 中任意两点 $w_1 = f(z_1), w_2 = f(z_2)$ 可用一条完全含于 G 的折线连接起来. 首先，由于 D 是区域，故可在 D 内取到一条连接 z_1, z_2 的折线

$$P: z = z(t) \ (t_1 \leqslant t \leqslant t_2, z(t_1) = z_1, z(t_2) = z_2).$$

于是，

$$\Gamma: w = f(z(t)) \ (t_1 \leqslant t \leqslant t_2)$$

就是连接 w_1, w_2 并且完全含于 G 内的一条曲线. 其次，参照柯西积分定理古莎证明的第三步，可以找出一条连接 w_1, w_2，内接于 Γ 且完全含于 G 的一条折线. 定理得证.

因为若函数在区域内单叶，则此函数在区域内必不恒为常数. 于是，有下面推论.

推论 7.1.1　设 $w = f(z)$ 在区域 D 内单叶解析，则 D 的像 $G = f(D)$ 也是一个区域.

注：定理 7.1.3(保域性定理)可以推广到扩充复平面：设 $w = f(z)$ 在扩充 z 平面的区域 D 内除可能极点外处处解析，且不恒为常数，则 D 的像 $G = f(D)$ 也是扩充 w 平面一个区域.

7.1.3　导数的几何意义

由于导数是一个局部概念，故在本小段，我们总是假设：函数 $w = f(z)$ 在区域 D 内解析，$z_0 \in D, f'(z_0) \neq 0$. 从而，由定理 7.1.2 知 $f(z)$ 在 z_0 的某邻域单叶解析.

(1) 我们先通过点 z_0 任意引出一条有向光滑曲线

$$C: z = z(t) = x(t) + iy(t) \quad (t_0 \leq t \leq t_1, z_0 = z(t_0), x'(t) + iy'(t) \neq 0),$$

则曲线 C 在 z_0 处有切线,其切向量为 $z'(t_0)$ 且 $z'(t_0) \neq 0$,倾斜角为 $\arg z'(t_0)$(本章习题 1).此外,还有 $f(z)$ 把 C 变换为过点 $w_0 = f(z_0)$ 的光滑曲线(本章习题 2)

$$\Gamma: w = f(z(t)) \quad (t_0 \leq t \leq t_1),$$

于是 $w = f(z)$ 在 $w_0 = f(z_0)$ 也有切线,其切向量为 $w'(t_0) = f'(z_0)z'(t_0) \neq 0$,倾斜角为 $\arg w'(t_0)$.由此可见,

$$\arg w'(t_0) = \arg f'(z_0) + \arg z'(t_0).$$

这表明变换 $w = f(z)$ 的像曲线 Γ 在点 $w_0 = f(z_0)$ 处的切向量可由原曲线 C 在点 z_0 的切向量旋转一个角 $\arg f'(z_0)$ 得到.这就是导数辐角的几何意义,表示一个旋转角,并且它与曲线 C 的选择无关.

(2) 现设 C_1, C_2 为相交在点 z_0 的两条光滑曲线,它们的参数方程分别为

$$C_1: z = z_1(t), C_2: z = z_2(t), \quad (t_0 \leq t \leq t_1).$$

我们定义在 z_0 相交的两条曲线 C_1, C_2 的夹角为它们在 z_0 的切向量之间的夹角.因此,在 z_0 处从 C_1 到 C_2 的夹角(见图 7-1)为

$$\delta = \arg z_2'(t_0) - \arg z_1'(t_0).$$

又由于 $w = f(z)$ 将 C_1, C_2 映射为 w 平面上相交于点 $w_0 = f(z_0)$ 的两条光滑曲线 Γ_1, Γ_2,从而,在 w_0 处从 Γ_1 到 Γ_2 的夹角为

$$\arg w_2'(t_0) - \arg w_1'(t_0) = [\arg f'(z_0) + \arg z_2'(t_0)] - [\arg f'(z_0) + \arg z_1'(t_0)] = \delta.$$

这表明用单叶解析函数作为映射时,光滑曲线之间的夹角大小和方向保持不变.

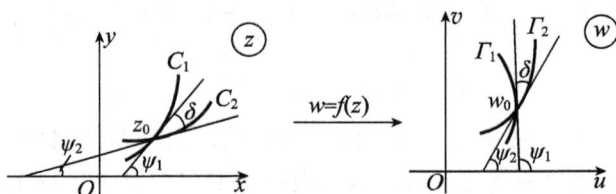

图 7-1

(3) 下面讨论 $|f'(z_0)|$ 的几何意义.

设 $f'(z_0) = Re^{i\alpha}$,则 $\lim\limits_{\Delta z \to 0} \left| \dfrac{\Delta w}{\Delta z} \right| = R$,这表明:像点间的无穷小距离与原像点的无穷小距离之比的极限是 $R = |f'(z_0)|$,它仅与点 z_0 有关,而与过 z_0 的曲线的方向无关,称为变换 $w = f(z)$ 在点 z_0 的伸缩率,这就是导数模的几何意义.

上面提到的旋转角与曲线 C 的选择无关这个性质,称为旋转角不变性;伸缩率与曲线 C 的方向无关这个性质,称为伸缩率不变性.

定义 7.1.2 若函数 $w = f(z)$ 在点 z_0 的某邻域内有定义,且在点 z_0 处具有

(1) 伸缩率不变性;

(2) 过点 z_0 的任意两曲线的夹角在变换 $w = f(z)$ 下,保持大小和方向不变,则称函数 $w = f(z)$ 在点 z_0 是**保角**的,或称 $w = f(z)$ 在点 z_0 处是**保角变换**.如果 w

$=f(z)$ 在区域 D 内处处都是保角的,则称 $w=f(z)$ 在区域 D 内是保角的,或称 $w=f(z)$ 在区域 D 内是保角变换.

定理 7.1.4　若 $w=f(z)$ 在区域 D 内解析,则它在导数不等于零的点处保角.

定理 7.1.5　若 $w=f(z)$ 在区域 D 内单叶解析,则它在区域 D 内保角.

7.1.4　单叶解析函数的共形性

定义 7.1.3　若 $w=f(z)$ 在区域 D 内是单叶且保角,则称此变换 $w=f(z)$ 在 D 内是共形的,也称它为 D 的共形映射.

定理 7.1.6　若 $w=f(z)$ 在区域 D 内单叶解析,则

(1) $w=f(z)$ 将区域 D 共形映射为区域 $G=f(D)$;

(2) 反函数 $z=f^{-1}(w)$ 在区域 G 内单叶解析,且

$$f^{-1'}(w_0)=\frac{1}{f'(z_0)}\quad (z_0\in D,\ w_0=f(z_0)\in G).$$

证明:由于单叶解析性保证了 G 是区域,也保证了变换 $w=f(z)$ 是保角的,从而(1)成立.又因为 $w=f(z)$ 是 D 到 G 的单叶满变换,从而 $w=f(z)$ 是 D 到 G 的一一变换.于是,当 $w\neq w_0$ 时,$z\neq z_0$,即反函数 $z=f^{-1}(w)$ 在区域 G 内单叶.下证反函数的解析性.

设 $f(z)=u(x,y)+iv(x,y)$,因 $f(z)$ 在区域 D 内解析(有 C-R 条件),于是

$$\frac{\partial(u,v)}{\partial(x,y)}=\begin{vmatrix} u_x & u_y \\ v_x & v_y \end{vmatrix}=(u_x)^2+(v_x)^2=|f'(z)|^2\neq 0,$$

这里最后一个等式成立的理由是 $f(z)$ 在区域 D 内单叶.所以,由隐函数存在定理知,存在两个函数

$$x=x(u,v),y=y(u,v)$$

在点 $w_0=u_0+iv_0$ 及其的一个邻域 $\Delta(w_0,\delta)$ 内连续,于是 $w\to w_0$ 等价于 $z\to z_0$,从而

$$\lim_{w\to w_0}\frac{f^{-1}(w)-f^{-1}(w_0)}{w-w_0}=\frac{1}{\lim\limits_{w\to w_0}\dfrac{w-w_0}{z-z_0}}=\frac{1}{f'(z_0)}\ (\forall z_0\in D,\ w_0=f(z_0)\in G).$$

这表明反函数 $z=f^{-1}(w)$ 在区域 G 内处处可微,从而在区域 G 内解析.定理证毕.

最后我们指出,共形映射的基本任务是,给定一个区域 D 以及另一个区域 G,要求找出将 D 共形映射成 G 的函数及其唯一性条件.

7.2　分式线性变换

7.2.1　分式线性变换

定义 7.2.1　称 $w=L(z)=\dfrac{az+b}{cz+d}\ (ad-bc\neq 0)$ 为分式线性变换.

条件 $ad-bc\neq0$ 是必要的,否则,将由 $\dfrac{\mathrm{d}w}{\mathrm{d}z}=\dfrac{ad-bc}{(cz+d)^2}\equiv0$ 导致 $L(z)$ 恒为常数,从而失去讨论的意义.

首先,我们对 $w=L(z)$ 作下面补充定义,使之变为 $\hat{\mathbb{C}}\to\hat{\mathbb{C}}$ 的单叶满变换(双射):

当 $c=0$ 时,补充定义 $L(\infty)=\infty$;当 $c\neq0$ 时,补充定义 $L(\infty)=\dfrac{a}{c}$,$L\left(-\dfrac{d}{c}\right)=\infty$,则 $w=\dfrac{az+b}{cz+d}$ 是 $\hat{\mathbb{C}}\to\hat{\mathbb{C}}$ 的单叶满变换(双射). 理由是,$w=L(z)$ 有逆变换 $z=\dfrac{-dw+b}{cw-a}$.

其次,根据定理 7.1.3 的注,分式线性变换 $w=L(z)$ 在扩充复平面上是保域的.

现在,我们来讨论分式线性变换的几何意义. 由于
$$w=\frac{az+b}{cz+d}=\frac{a}{c}+\frac{bc-ad}{c(cz+d)}=\frac{bc-ad}{c}\cdot\frac{1}{cz+d}+\frac{a}{c}(\text{以 }c\neq0\text{ 为例}),$$
故容易发现分式线性变换 $w=L(z)$ 总可以分解成下述简单类型变换的复合.

(1) 整线性变换:$w=kz+h(k\neq0)$;

(2) 反演变换:$w=\dfrac{1}{z}$.

除此之外,我们还要指出,两个分式线性变换的复合确实还是分式线性变换. 事实上,设
$$L(z)=\frac{az+b}{cz+d}\ (ad-bc\neq0),\ H(z)=\frac{\alpha z+\beta}{\gamma z+\delta}\ (\alpha\delta-\beta\gamma\neq0),$$
则
$$L(H(z))=\frac{a\dfrac{\alpha z+\beta}{\gamma z+\delta}+b}{c\dfrac{\alpha z+\beta}{\gamma z+\delta}+d}=\frac{(a\alpha+b\gamma)z+a\beta+b\delta}{(c\alpha+d\gamma)z+c\beta+d\delta},$$
而
$$(a\alpha+b\gamma)(c\beta+d\delta)-(a\beta+b\delta)(c\alpha+d\gamma)$$
$$=\left|\begin{pmatrix}a\alpha+b\gamma & a\beta+b\delta\\ c\alpha+d\gamma & c\beta+d\delta\end{pmatrix}\right|=\left|\begin{pmatrix}a & b\\ c & d\end{pmatrix}\begin{pmatrix}\alpha & \beta\\ \gamma & \delta\end{pmatrix}\right|\neq0.$$

因此,我们只要说清楚整线性变换和反演变换的几何意义就能知道分式线性变换的几何意义.

(1)对于整线性变换,设 $k=re^{i\alpha}$,则容易看出整线性变换 $w=re^{i\alpha}z+h$ 表示旋转、伸缩和平移三种更为简单的变换的复合.

(2)对于反演变换的几何意义,我们先要引出下面定义.

定义 7.2.2　z_1，z_2 关于圆周 γ：$|z-a|=R$ 对称是指 z_1，z_2 都是过圆心 a 的同一条射线上，且满足 $|z_1-a||z_2-a|=R^2$（见图 7-2）. 此外，还规定圆心 a 与 ∞ 关于 γ 对称.

由定义知，z_1，z_2 关于圆周 γ 对称的充要条件是

$$z_2-a=\frac{R^2}{\overline{z_1-a}}. \tag{7.2.1}$$

作点 z_1 关于圆周 γ 的对称点的方法是：设 z_1 在圆周 γ 的内部，过 z_1 作 Oz_1 的垂线交 γ 于点 A，再作半径 OA 的垂线交射线 Oz_1 于点 z_2，点 z_2 就是所求的对称点（见图 7-2）.

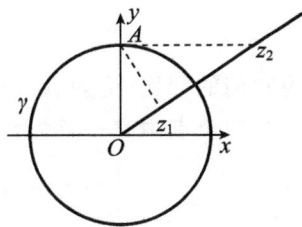

由式（7.2.1）知，点 z 关于单位圆周 γ 的对称点是 $\xi=\dfrac{1}{\overline{z}}$.

图 7-2

因此，可将反演变换 $w=\dfrac{1}{z}$ 视为 $w=\overline{\xi}$ 与 $\xi=\dfrac{1}{\overline{z}}$ 的复合，前者的几何意义是关于实轴的对称变换，后者的几何意义是关于单位圆周的对称变换.

7.2.2　分式线性变换的性质

1. 分式线性变换的共形性

前面已说明，分式线性变换 $w=\dfrac{az+b}{cz+d}$ 在扩充复平面上是单叶满变换的，因此，只要再说明它在扩充复平面上是保角的，即可说明它是 $\hat{\mathbb{C}}\rightarrow\hat{\mathbb{C}}$ 的共形映射. 由于保角变换的复合还是保角的，故只要说明整线性变换和反演变换在扩充复平面上是保角的即可. 对于整线性变换，其导数在全平面上都不等于零，从而它在 $\mathbb{C}$ 上处处保角. 对于反演变换，其导数在 $\mathbb{C}\backslash\{0\}$ 上处处不等于零，从而它在 $\mathbb{C}\backslash\{0\}$ 也是处处保角. 其余情况都涉及如何定义无穷远点的交角.

定义 7.2.3　二曲线在无穷远点处的交角 α 是指它们在反演变换下的像曲线在原点处的交角 α.

因此，反演变换在 $\hat{\mathbb{C}}$ 上是保角的，从而是 $\hat{\mathbb{C}}$ 上的共性映射. 此外，整线性变换在无穷远点处也是保角的. 事实上，令 $\lambda=\dfrac{1}{z}$，$\mu=\dfrac{1}{w}$，从而按定义知，只需证明 $\dfrac{1}{\mu}=k\dfrac{1}{\lambda}+h$ 在原点处保角即可. 因为

$$\left.\frac{\mathrm{d}\mu}{\mathrm{d}\lambda}\right|_{\lambda=0}=\frac{\mathrm{d}}{\mathrm{d}\lambda}\left(\frac{\lambda}{h\lambda+k}\right)_{\lambda=0}=\frac{1}{k}\neq0,$$

所以，$\dfrac{1}{\mu}=k\dfrac{1}{\lambda}+h$ 确实在原点处保角，从而整线性变换在 ∞ 处保角，进而它在 $\hat{\mathbb{C}}$ 上

保角.

定理 7.2.1 分式线性变换 $w=L(z)=\dfrac{az+b}{cz+d}$ $(ad-bc\neq 0)$ 在 $\hat{\mathbb{C}}$ 上是共形映射.

2. 分式线性变换的保交比性

定义 7.2.4 扩充复平面上有顺序的四个相异点 z_1,z_2,z_3,z_4 的比值

$$\frac{z_4-z_1}{z_4-z_2}:\frac{z_3-z_1}{z_3-z_2}$$

称为它们的交比,记为 (z_1,z_2,z_3,z_4).

当四个点中有一点为 ∞ 时,则将包含此点的项用 1 代替,例如

$$(z_1,z_2,z_3,\infty)=1:\frac{z_3-z_1}{z_3-z_2},$$

它相当于

$$(z_1,z_2,z_3,\infty)=\lim_{z_4'\to\infty}(z_1,z_2,z_3,z_4').$$

定理 7.2.2 对于扩充 z 平面上任意三个不同的点 z_1,z_2,z_3 以及扩充 w 平面上任意三个不同的点 w_1,w_2,w_3,存在唯一的分式线性变换 $w=L(z)$,使得

$$w_k=L(z_k)\quad(k=1,2,3).$$

证明: 先证存在性. 因为从变换

$$\frac{w-w_1}{w-w_2}:\frac{w_3-w_1}{w_3-w_2}=\frac{z-z_1}{z-z_2}:\frac{z_3-z_1}{z_3-z_2} \tag{7.2.2}$$

解出 $w=L_1(z)$ 后,易知它的表达式形如 $\dfrac{az+b}{cz+d}$,并且满足 $w_k=L_1(z_k)(k=1,2,3)$,再注意到 $w=L(z)$ 非常数,于是 $w=L_1(z)$ 就是所求的一个分式线性变换.

再证唯一性. 设 $w=L_1(z)$ 及 $w=L_2(z)$ 是满足条件的两个分式线性变换,则

$$f(z)=(L_2^{-1}\cdot L_1)(z)$$

也是一个分式线性变换,并且满足

$$f(z_k)=z_k(k=1,2,3).$$

设 $f(z)=\dfrac{\alpha z+\beta}{\gamma z+\delta}$,则方程 $\dfrac{\alpha z+\beta}{\gamma z+\delta}=z$ 有扩充复平面上三个不同的根,对这三个根进行分类讨论,可以证明 $\gamma=0,\delta-\alpha=0,\beta=0$. 因此,$f(z)$ 为恒等变换,即有 $L_1=L_2$. 证毕.

从定理 7.2.2 的证明过程看出,将互异三点 z_1,z_2,z_3 对应到 w_1,w_2,w_3 的分式线性变换只能是 $(w_1,w_2,w_3,w)=(z_1,z_2,z_3,z)$. 由此,我们还可以得到下面定理.

定理 7.2.3 在分式线性变换下,相异四点的交比保持不变.

3. 分式线性变换的保圆周(圆)性

因为扩充复平面上的直线或圆可统一地表示为

$$Az\bar{z}+\bar{\beta}z+\beta\bar{w}+C=0 \ (A,C \text{ 为实数},|\beta|^2>AC) \tag{7.2.3}$$

（见本章习题3），所以我们可以视直线为通过无穷远点的圆周.

本小节所讨论的圆周泛指通常的圆周（也称有限圆）或直线.

由于整线性变换的几何意义是平移、旋转或伸缩，因此整线性变换总是把有限圆或直线映射为有限圆或直线. 于是，整线性变换具有保圆周（圆）性.

而反演变换 $w=\dfrac{1}{z}$ 将式(7.2.3)变成 $Cw\bar{w}+\bar{\beta}w+\beta\bar{w}+A=0$，它表示有限圆或直线，所以反演变换也具有保圆周（圆）性. 于是，我们已经得到下面定理.

定理 7.2.4　分式线性变换将平面上的圆周（直线）变为圆周或直线.

设 C 为扩充 z 平面上的圆周，它将扩充 z 平面分成两个区域 D_1,D_2，虽然我们已经知道，分式线性变换 $w=L(z)$ 将 C 映射为扩充 w 平面上的圆周 $\Gamma=L(C)$，从而 Γ 也将扩充 w 平面分成两个区域 U_1,U_2. 由分式线性变换的共形性，我们可以确定 D_1 要么对应 U_1，要么对应 U_2，两者必居其一且只居其一（思考题）. 为进一步明确 D_1,D_2 与 U_1,U_2 的对应关系，我们这里给出两种方法.

方法1：任取 $z_0\in D_1$，若 $w_0=L(z_0)\in U_1$，则 $w=L(z)$ 将 D_1 映射为 U_1，否则将 D_1 映射为 U_2.

方法2：在 C 上取三个不同的点 z_1,z_2,z_3，并设 $w_k=L(z_k)(k=1,2,3)$. 若观察者沿 $z_1\to z_2\to z_3$ 的方向绕行 C 时，D_1 在观察者的左手边，那么观察者沿 $w_1\to w_2\to w_3$ 的方向绕行 Γ 时，其左手边的区域就是 D_1 所对应的区域（可用保角性来论证）.

4. 分式线性变换的保对称点性

我们给出判定两点关于圆周对称的定理.

定理 7.2.5　扩充复平面上的两点 z_1,z_2 关于圆周 γ 对称的充要条件是：通过 z_1,z_2 的任意圆周都与 γ 正交.

证明：当 γ 为直线时，由初等几何知识容易说明定理的正确性. 而当 γ 为有限圆且 z_1,z_2 其中之一为无穷远点时，定理也显然成立. 下面，我们只要针对 γ 为有限圆且 z_1,z_2 均为有限点的情形来证明即可（见图7-3）.

必要性. 设 z_1,z_2 关于圆周 $\gamma:|z-a|=R$ 对称，则按定义知，过 z_1,z_2 的直线必过圆心，从而该直线与 γ 正交. 先设 δ 是经过 z_1,z_2 的任一有限圆，由圆心 a 引 δ 的切线 $a\zeta$，ζ 为切点，下证 $|\zeta-a|=R$ 即可说明 δ 与 γ 正交. 事实上，由平面几何的切割线定理知

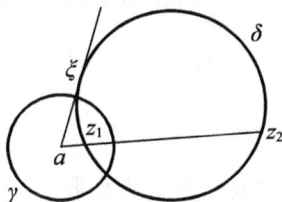

图 7-3

$$|\zeta-a|^2=|z_1-a||z_2-a|=R^2.$$

所以，确实成立 $|\zeta-a|=R$.

充分性. 过 z_1,z_2 的有限圆 δ，则 δ 与 γ 正交，记其中一个交点为 ζ，从而半径 $a\zeta$ 是 δ 的切线，进而由切割线定理知

$$|z_1-a||z_2-a|=|\zeta-a|^2=R^2.$$

另一方面,因为过 z_1,z_2 的直线也与 γ 正交,所以 z_1,z_2 在从圆心 a 出发的同一条射线上.综合上述两方面即知,z_1,z_2 关于圆周 γ 对称.

定理 7.2.6 设扩充 z 平面上的两点 z_1,z_2 关于圆周 γ 对称,$w=L(z)$ 为一分式线性变换,则 $w_1=L(z_1),w_2=L(z_2)$ 关于圆周 $\Gamma=L(\gamma)$ 对称.

证明: 设 Γ' 为扩充 w 平面上经过 w_1,w_2 的任意圆周,则 $\gamma'=L^{-1}(\Gamma')$ 是扩充 z 平面上的过 z_1,z_2 的圆周.由定理 7.2.5 知,γ' 与 γ 正交.再由分式线性变换的保角性知,$\Gamma'=L(\gamma')$ 与 $\Gamma=L(\gamma)$ 正交.因此,根据 Γ' 的任意性及定理 7.2.5 知,定理成立.

7.2.3 分式线性变换的应用

分式线性变换在处理边界为圆周或直线的区域变换问题中能起很大作用.下面四个例子就是反映这个事实的重要特例.

例 7.2.1 把上半 z 平面共形映射成上半 w 平面的分式线性变换可以写成

$$w=\frac{az+b}{cz+d}(a,b,c,d \text{ 是实数},且满足 ad-bc>0).$$

证明: 首先,上述分式线性变换将实轴变为实轴.其次,根据本节前面提到的方法 2,由于当 z 为实数时,$\dfrac{\mathrm{d}w}{\mathrm{d}z}=\dfrac{ad-bc}{(cz+d)^2}>0$,所以当动点 z 沿 z 平面的实轴正向运动时,变点 w 也沿 w 平面的实轴正向运动,此时,上半平面都在观察者的左手边.故上述分式线性变换是所求变换.

例 7.2.2 试求将上半平面 $\mathrm{Im}z>0$ 共形映射成单位圆 $|w|<1$ 的分式线性变换,并使上半平面的一点 $z=a$ 变为 $w=0$.

解: 根据分式线性变换保对称点的性质,由于点 a 关于实轴的对称点是 $\bar{a}$,而点 $w=0$ 关于单位圆周 $|w|=1$ 的对称点是 $w=\infty$.于是,所求的变换可以写成

$$w=k\frac{z-a}{z-\bar{a}} \quad (\mathrm{Im}a>0),$$

其中 k 是待定复系数.更进一步,由于 $z=0$ 变到单位圆周 $|w|=1$ 上的某一点 $w_0=k\dfrac{a}{\bar{a}}$,从而 $|k|=1$.令 $k=\mathrm{e}^{\mathrm{i}\beta}$,则所求的变换还可以写成

$$w=\mathrm{e}^{\mathrm{i}\beta}\frac{z-a}{z-\bar{a}} \quad (\mathrm{Im}a>0),$$

其中 β 是待定实系数.

注: 为确定待定系数 k 或 β,显然还需要一个条件:或者指出实轴上一点与单位圆周上某一点的对应关系,或者指出变换在 $z=a$ 处的旋转角 $\arg w'(a)$.对于后者,经求导计算推得 $\arg w'(a)=\beta-\dfrac{\pi}{2}$.

例 7.2.3 试求将单位圆 $|z|<1$ 共形映射成单位圆 $|w|<1$ 的分式线性变换,

并使得点 $z=a(|a|<1)$ 变为 $w=0$.

解:根据分式线性变换保对称点的性质,由于点 a 关于单位圆周 $|z|=1$ 的对称点是 $\dfrac{1}{\bar{a}}$,而点 $w=0$ 关于单位圆周 $|w|=1$ 的对称点是 $w=\infty$.于是,所求的变换可以写成

$$w=k\,\frac{z-a}{z-\dfrac{1}{\bar{a}}}\quad(|a|<1),$$

整理后得

$$w=k_1\,\frac{z-a}{1-\bar{a}z},$$

其中 $k_1=-\bar{a}k$ 是待定复系数.更进一步,由于 $z=1$ 变到单位圆周 $|w|=1$ 上的某一点 $w_0=k_1\dfrac{1-a}{1-\bar{a}}$,从而 $|k_1|=1$.令 $k_1=\mathrm{e}^{\mathrm{i}\beta}$,则所求的变换还可以写成

$$w=\mathrm{e}^{\mathrm{i}\beta}\frac{z-a}{1-\bar{a}z}\quad(|a|<1),$$

其中 β 是待定实系数.

注:与前例的说明类似,本例系数的确定也需要类似附加条件.

例 7.2.4　试求将上半平面 $\mathrm{Im}z>0$ 共形映射成圆 $|w-w_0|<R$ 的分式线性变换 $w=L(z)$,使之满足 $L(\mathrm{i})=w_0$,$L'(\mathrm{i})>0$.

解:整体思路如图 7-4 所示.首先,作分式线性变换

$$\xi=\frac{w-w_0}{R},$$

它将圆 $|w-w_0|<R$ 共形映射成单位圆 $|\xi|<1$.

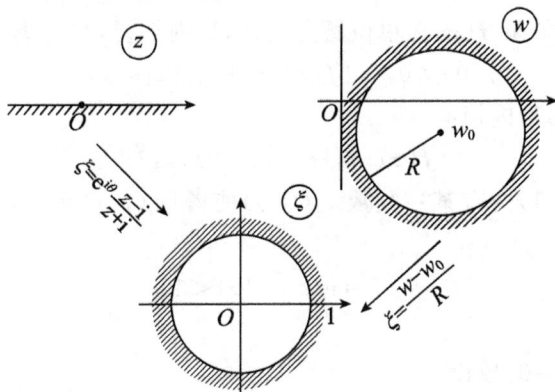

图 7-4

其次,作上半平面 $\mathrm{Im}z>0$ 到单位圆 $|\xi|<1$ 的共形映射,使得 $z=\mathrm{i}$ 变成 $\xi=0$,即

$$\xi=\mathrm{e}^{\mathrm{i}\theta}\frac{z-\mathrm{i}}{z+\mathrm{i}}.$$

复合上述两个变换得

$$\frac{w-w_0}{R}=e^{i\theta}\frac{z-i}{z+i} \quad \Rightarrow \quad w=w_0+Re^{i\theta}\frac{z-i}{z+i},$$

它将上半平面 $\mathrm{Im}z>0$ 共形映射成圆 $|w-w_0|<R$,将 $z=i$ 变成 $w=w_0$.

最后,还需要利用已知条件 $L'(i)>0$ 确定出参数 θ. 由 $\dfrac{dw}{dz}=Re^{i\theta}\dfrac{2i}{(z+i)^2}$ 知

$$L'(i)=\frac{R}{2}e^{i(\theta-\frac{\pi}{2})},$$

从而解得 $\theta=\dfrac{\pi}{2}$. 故,所求的分式线性变换为 $w=w_0+Ri\,\dfrac{z-i}{z+i}$.

7.3 黎曼映射定理

我们知道单叶解析函数将区域共形映射成区域,反之若给定两个区域 D,G,能否找到一个共形映射将 D 映射 G? 本节将讨论这个一般问题的某些特殊情形,即 D 和 G 是扩充复平面上的两个单连通区域.

定理 7.3.1(黎曼映射定理) 如果扩充 z 平面上的单连通区域 D 的边界多于一点,则存在一个在 D 内单叶解析函数 $w=f(z)$,它将 D 共形映射为单位圆盘 $\Delta(0,1)$. 如果我们还要求 $f(z)$ 满足条件

$$f(a)=0, \quad f'(a)>0 \quad (a\in D), \tag{7.3.1}$$

则这样的 $f(z)$ 是唯一的.

说明:黎曼映射定理的存在性证明涉及正规族理论,超出本书范围,这里就不做证明.下面我们要用施瓦茨(Schwarz)引理来证明黎曼映射定理的唯一性.

施瓦茨引理 如果 $f(z)$ 在单位圆盘 $\Delta(0,1)$ 内解析,并且满足条件

$$f(0)=0, \quad |f(z)|<1 \quad (|z|<1),$$

则在单位圆盘 $\Delta(0,1)$ 内恒有

$$|f(z)|\leqslant|z|, |f'(0)|\leqslant1.$$

又如果在 $\Delta(0,1)$ 内有某一复数 $z_0(\neq0)$ 使得 $|f(z_0)|=|z_0|$,或者 $|f'(0)|=1$,那么

$$f(z)=e^{i\alpha}z \quad (|z|<1),$$

其中 α 为一实数.

证明: 因 $f(0)=0$,故设

$$f(z)=c_1z+c_2z^2+\cdots \quad (|z|<1),$$

则

$$\varphi(z)=\begin{cases}\dfrac{f(z)}{z}, & z\neq0,\\ f'(0), & z=0\end{cases}$$

在 $\Delta(0,1)$ 内解析. 对任一给定 $z_0 \in \Delta(0,1)$, 设 $|z_0| < r < 1$, 则由最大模原理知

$$|\varphi(z_0)| \leqslant \max_{|z|=r} |\varphi(z)| = \max_{|z|=r} \left| \frac{f(z)}{z} \right| \leqslant \frac{1}{r}.$$

令 $r \to 1$ 得 $|\varphi(z_0)| \leqslant 1$. 于是, $|f'(0)| = |\varphi(0)| \leqslant 1$, 且当 $z_0 \neq 0$ 时, 有

$$\left| \frac{f(z_0)}{z_0} \right| = |\varphi(z_0)| \leqslant 1 \quad \Rightarrow \quad |f(z_0)| \leqslant |z_0|.$$

而 $|f(z)| \leqslant |z|$ 在 $z = 0$ 显然成立, 因此施瓦茨引理的前半部分得证.

如果在 $\Delta(0,1)$ 内有某一复数 $z_0 (\neq 0)$ 使得 $|f(z_0)| = |z_0|$, 或者 $|f'(0)| = 1$, 则 $\varphi(z)$ 在 $\Delta(0,1)$ 内的某点取得最大模, 从而 $\varphi(z) \equiv c$, 且 $|c| = 1$. 所以, 施瓦茨引理的后半部分也成立.

黎曼映射定理的唯一性证明: 设 $w_1 = f_1(z)$ 也是适合定理条件的共形映射, 则函数

$$w_1 = f_1[f^{-1}(w)] = \Phi(w)$$

在单位圆盘 $|w| < 1$ 内单叶解析, 且满足条件

$$\Phi(0) = f_1[f^{-1}(0)] = f_1(a) = 0,$$
$$|\Phi(w)| = |w_1| < 1,$$

故由施瓦茨引理的前半部分得

$$|\Phi(w)| \leqslant |w| \quad \Rightarrow \quad |w_1| \leqslant |w|.$$

同样的结论也适合函数 $\Phi(w)$ 的反函数 $\Phi^{-1}(w_1)$, 即有

$$|w| \leqslant |w_1| = |\Phi(w)| \quad \Rightarrow \quad |w| \leqslant |\Phi(w)|.$$

从而 $|\Phi(w)| = |w|$. 应用施瓦茨引理的后半部分结论, 得

$$\Phi(w) = e^{i\alpha} w \quad (|w| < 1, \ \alpha \in \mathbb{R}).$$

最后, 由 $e^{i\alpha} = \Phi'(0) = \dfrac{f_1'(0)}{f'(0)} > 0$ 知, $e^{i\alpha} = 1$. 因此,

$$f_1[f^{-1}(w)] = w \quad \Rightarrow \quad f_1(z) = f(z) \quad (z \in D).$$

于是黎曼映射定理得证.

如果存在从区域 D 到区域 G 的共形映射, 则称区域 D 和 G 是共形等价的. 利用黎曼映射定理, 我们可以将扩充复平面的单连通区域分成三类:

(1) 扩充复平面 $\hat{\mathbb{C}}$;

(2) 共形等价于复平面 $\mathbb{C}$;

(3) 共形等价于单位圆盘 $\Delta(0,1)$.

这三类的元素是互不共形等价. 这里仅举一例说明. 比如, 扩充复平面上去掉一点后的区域 $\hat{\mathbb{C}} \backslash \{a\}$ 是扩充复平面的单连通区域, 由变换 $\xi = \dfrac{1}{z-a}$ 看出, 它共形等价于复平面 $\mathbb{C}$, 故不妨设 $a = \infty$. 下面我们说明复平面 $\mathbb{C}$ 不能与单位圆盘共形等价. 若不然, 存在共形映射 $w = f(z)$ 将 $\mathbb{C}$ 映射为 $\Delta(0,1)$, 则 $f(z)$ 是有界整函数, 从而由刘维尔定理知 $f(z)$ 为常数, 与 $f(z)$ 是单叶相矛盾. (注: 这里需要用到一个结论: 如果 $w = f(z)$ 将区域 D 共形映射成区域 G, 则 $w = f(z)$ 在区域 D 内单叶解析. 该

结论由 D. Menchoff 于 1936 年证得.)

例 7.3.1　如果 $w=f(z)$ 在 z 平面上解析,并且不取位于 w 平面上某一条简单曲线 γ 上的那些值,则它必是常数.

证明:由黎曼映射定理知,存在一个单叶解析函数 $\zeta=\varphi(w)$ 将扩充 w 平面上的单连通区域 $D=\hat{\mathbb{C}}\backslash\gamma$ 映射为 ζ 平面上的单位圆盘,从而函数 $\zeta=\varphi[f(z)]$ 在 z 平面上解析且有界,故由刘维尔定理知,$\zeta=\varphi[f(z)]$ 恒为常数.进而再由 $\zeta=\varphi(w)$ 的单叶性知,$w=f(z)$ 必为常数.

黎曼映射定理虽然说明某些单连通区域可以共形映射为单位圆盘,但没有涉及边界的对应关系.下面,针对区域边界是简单连续闭曲线的情形,不加证明地给出一个结果.

定理 7.3.2(边界对应原理)　设单连通区域 D 和 G 的边界分别为简单连续闭曲线 C 和 Γ,$w=f(z)$ 将区域 D 共形映射成区域 G,则 $f(z)$ 可以扩张为 $F(z)$,使得在区域 D 内 $F(z)=f(z)$,在 $\bar{D}=D+C$ 上 $F(z)$ 连续,并且将 C 双方单值连续地变为 Γ.

下面定理是上述边界对应原理在某种意义下的逆定理,可用来判别函数的单叶性.

定理 7.3.3(单叶性原理)　设单连通区域 D 和 G 分别是两条简单连续闭曲线 C 和 Γ 的内部,并且 $w=f(z)$ 在区域 D 内解析,在 $\bar{D}=D+C$ 上连续,并且将 C 双方单值地变为 Γ,则 $w=f(z)$ 在 D 内单叶且有 $G=f(D)$(从而 $f(z)$ 将 D 共形映射成 G).

证明:分三种情况讨论.

(1) 设 w_0 为 G 内的任一点.由辐角原理知

$$N(f(z)-w_0,C)=\frac{\Delta_C\arg(f(z)-w_0)}{2\pi}=\frac{\Delta_\Gamma\arg(w-w_0)}{2\pi}.$$

第二个等式成立的理由是 C 双方单值地变为 Γ.又由于 C,Γ 为简单闭曲线,所以当绕 C 一周时,有 $\Delta_\Gamma\arg(w-w_0)=\pm2\pi$,从而 $N(f(z)-w_0,C)=1$.这说明方程 $f(z)-w_0=0$ 在 D 有且仅有一个根(蕴含 $G\subset f(D)$).

(2) 设 w_0 为 G 的外部的任一点.此时,$\Delta_\Gamma\arg(w-w_0)=0$,所以方程 $f(z)-w_0=0$ 在 D 内无根,即 $f(D)$ 不含 G 的外点.

(3) 设 w_0 为 G 的边界 Γ 的任一点.我们来证方程 $f(z)-w_0=0$ 在 D 内也无根.否则,存在 $z_0\in D$ 使得 $f(z_0)=w_0$,从而 $w_0\in f(D)$.由保域性定理知,$f(D)$ 是区域,于是存在 $\Delta(w_0,\delta)\subset f(D)$,进而可在 $\Delta(w_0,\delta)$ 内且位于 G 的外部取到一点 w^*,使得 $f(D)$ 含有 G 的外点 w^*,但这与(2)的结论矛盾.故,$f(D)$ 不含 G 的边界点.

综合上面三个情况知,定理成立.

例 7.3.2　证明 $w=z^2$ 将圆周 $\left|z-\dfrac{1}{2}\right|=\dfrac{1}{2}$ 的内部共形映射成心脏线 $\rho=\dfrac{1}{2}(1+\cos\varphi)$ 的内部.

证明:设 $w=\rho e^{i\varphi},z=re^{i\theta}$,将圆周 $\left|z-\dfrac{1}{2}\right|=\dfrac{1}{2}$ 的方程改写为极坐标形式

$$r = \cos\theta, \quad -\frac{\pi}{2} \leqslant \theta \leqslant \frac{\pi}{2}.$$

则 $w = z^2$ 将边界 $r = \cos\theta$ 双方单值地映射为心脏线

$$\rho = r^2 = \cos^2\theta = \cos^2\frac{\varphi}{2} = \frac{1}{2}(1 + \cos\varphi), \quad -\pi \leqslant \varphi \leqslant \pi.$$

又由于 $w = z^2$ 在全平面上解析,故由单叶性定理知,结论成立.

7.4 某些特殊区域的共形映射

由于幂函数 $w = z^n$ 能使角域的张角扩大,根式函数 $w = \sqrt[n]{z}$ 的单值解析分支能使角域的张角缩小,指数函数 $w = e^z$ 能把带状区域变成角域,分式线性变换能把圆周变为直线,因此,在这些初等解析函数的单叶性区域上,灵活复合这些初等解析函数就能方便地写出某些特殊区域间的共形映射.

例 7.4.1 将区域 $-\frac{\pi}{4} < \arg z < \frac{\pi}{2}$ 共形映射成上半平面,使 $z = 1-i, i, 0$ 分别变成 $w = 2, -1, 0$(见图 7-5).

解:先把角域 $-\frac{\pi}{4} < \arg z < \frac{\pi}{2}$ 共形映射成 ξ 平面的上半平面,取

$$\xi = \left[(e^{i\frac{\pi}{4}} z)^{\frac{1}{3}} \right]^4 = (e^{i\frac{\pi}{4}} z)^{\frac{4}{3}}$$

即可实现,并且此共形映射将 $z = 1-i, i, 0$ 映射为 $\xi = \sqrt[3]{4}, -1, 0$.

再作从 ξ 平面的上半平面到 w 平面的上半平面的共形映射,使得 $\xi = \sqrt[3]{4}, -1,$ 0 变为 $w = 2, -1, 0$.取分式线性变换

$$w = \frac{2(\sqrt[3]{4}+1)\xi}{(\sqrt[3]{4}-2)\xi + 3\sqrt[3]{4}}$$

即可.复合这两个共形映射就得到所求的共形映射,即

$$w = \frac{2(\sqrt[3]{4}+1)(e^{i\frac{\pi}{4}} z)^{\frac{4}{3}}}{(\sqrt[3]{4}-2)(e^{i\frac{\pi}{4}} z)^{\frac{4}{3}} + 3\sqrt[3]{4}}.$$

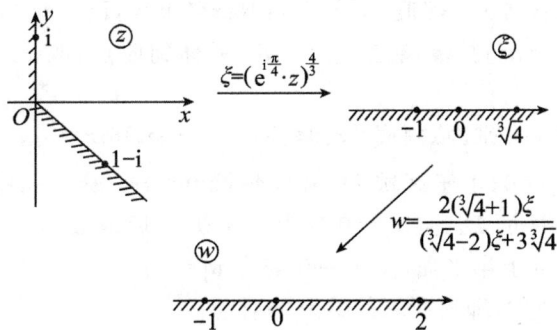

图 7-5

例 7.4.2 求一变换将带状区域 $0 < \mathrm{Im}\, z < \pi$ 共形映射成单位圆 $|w| < 1$(见图 7-6).

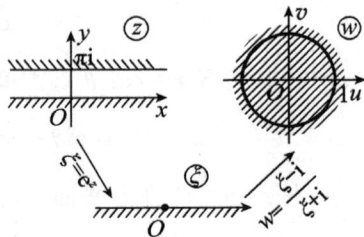

解:先把带状区域 $0 < \mathrm{Im}\, z < \pi$ 共形映射成 ζ 平面的上半平面(张角为 π 的角域),取 $\zeta = \mathrm{e}^z$. 再作从 ζ 平面的上半平面到 w 平面的单位圆的共形映射,取

$$w = \frac{\zeta - \mathrm{i}}{\zeta + \mathrm{i}}.$$

图 7-6

复合上述两个共形映射即得所求的共形映射为

$$w = \frac{\mathrm{e}^z - \mathrm{i}}{\mathrm{e}^z + \mathrm{i}}.$$

例 7.4.3 区域 D 为相交于 0 和 i 处且夹角为 $\dfrac{\pi}{4}$ 的两圆弧所围成的内部,试求将 D 共形映射为上半平面的变换.

解:先将两圆弧变成两射线,取 $\zeta = \dfrac{z}{z - \mathrm{i}}$,则 $z = 0 \to \zeta = 0$,$z = \mathrm{i} \to \zeta = \infty$,且 D 变成 ζ 平面的角域 $D_1 : \pi - \dfrac{\pi}{8} < \arg \zeta < \pi + \dfrac{\pi}{8}$. 再将 D_1 旋转到第一象限,取 $\xi = \mathrm{e}^{-\mathrm{i}\frac{7\pi}{8}} \zeta$,则角域 D_1 共形映射为 ξ 平面的角域 $D_2 : 0 < \arg \xi < \dfrac{\pi}{4}$. 最后将角域 D_2 的张角变为 π,取 $w = \xi^4$ 即可. 复合上述共形映射,就得到所求的共形映射为

$$w = \left(\mathrm{e}^{-\mathrm{i}\frac{7\pi}{8}} \cdot \frac{z}{z - \mathrm{i}} \right)^4 = \mathrm{i} \left(\frac{z}{z - \mathrm{i}} \right)^4.$$

例 7.4.4 求一变换,把具有割痕"$\mathrm{Re}\, z = a, 0 \le \mathrm{Im}\, z \le h$"的上半 z 平面 D 共形映射成上半 w 平面,并把点 $z = a + \mathrm{i}h$ 变为点 $w = a$.

解:整体思路如图 7-7 所示. 先平移割痕到虚轴,取 $z_1 = z - a$,则点 $z = a + \mathrm{i}h$ 变为 $z_1 = \mathrm{i}h$,区域 D 变为区域

$$D_1 : \text{上半平面} \backslash \text{割痕 } \{z : \mathrm{Re}\, z = 0, 0 \le \mathrm{Im}\, z \le h\};$$

然后取 $z_2 = z_1^2$,则区域 D_1 共形映射成

$$D_2 : z \text{ 平面} \backslash \text{割痕 } \{z : -h^2 \le \mathrm{Re}\, z < +\infty, \mathrm{Im}\, z = 0\},$$

且 $z_1 = \mathrm{i}h$ 变为 $z_2 = -h^2$;接着将点 $z_2 = -h^2$ 平移到原点,取 $z_3 = z_2 + h^2$,则区域 D_1 共形映射成

$$D_3 : z \text{ 平面} \backslash \text{割痕 } \{z : 0 \le \mathrm{Re}\, z < +\infty, \mathrm{Im}\, z = 0\},$$

且 $z_2 = -h^2$ 变为 $z_3 = 0$;由于区域 D_3 实为角域 $0 < \arg z < 2\pi$,故取 $z_4 = \sqrt{z_3}$,则 D_3 共形映射成上半平面 D_4,且 $z_3 = 0$ 变为 $z_4 = 0$;最后取 $w = z_4 + a$,上半平面 D_4 共形映射成 w 平面的上半平面,点 $z_4 = 0$ 变为 $w = a$.

复合上述共形映射,即得所求的共形映射为

$$w = \sqrt{(z - a)^2 + h^2} + a.$$

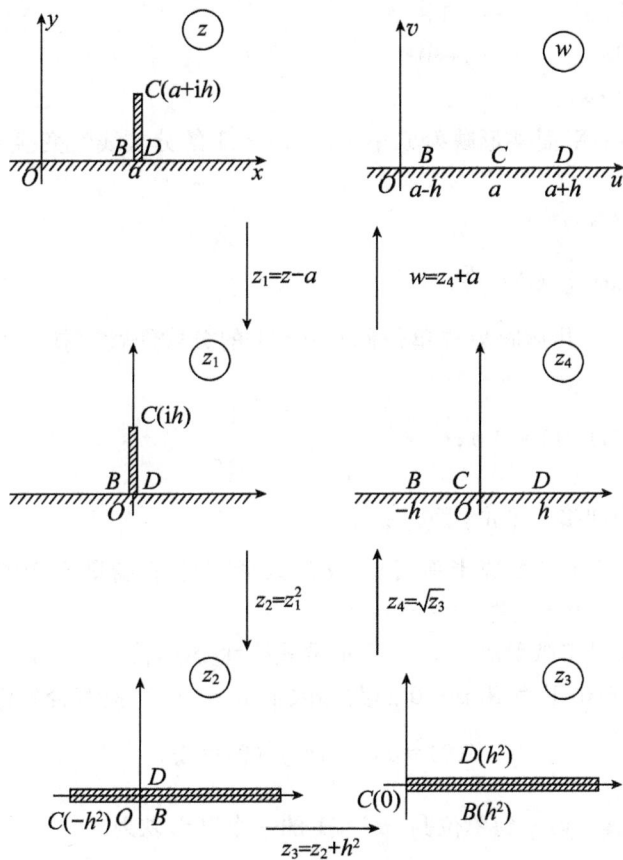

图 7-7

习 题 七

1. 设连续曲线 $C: z = z(t), t \in [\alpha, \beta]$. 若 $z'(t_0) \neq 0 \ (t_0 \in [\alpha, \beta])$，则 C 在 $z(t_0)$ 处有切线.

2. 设 $C: z = z(t), t \in [\alpha, \beta]$ 为区域 D 内的光滑曲线，$f(z)$ 在区域 D 内单叶解析，且将 C 映射为 w 平面的曲线 Γ，试证：Γ 也是光滑曲线.

3. 试证：z 平面上的圆可以表示为
$$A z \bar{z} + \bar{\beta} z + \beta \bar{z} + C = 0 \ (A, C \text{ 为实数}, \beta \text{ 为复数}, A \neq 0, |\beta|^2 > AC).$$

4. 求 $w = z^2$ 在 $z = \mathrm{i}$ 处的伸缩率和旋转角.

5. 用解析函数的保域性证明：若解析函数 $f(z)$ 在区域 D 的模恒为常数，则 $f(z)$ 为常数.

6. 下列各题中，给出了三对对应点 $z_k \leftrightarrow w_k \ (k = 1, 2, 3)$ 的具体数值，请写出相应的分式线性变换，并指出此变换把通过 z_1, z_2, z_3 的圆周的内部（或者直线的左边）变成什么区域.

(1) $1 \leftrightarrow 1$, $i \leftrightarrow 0$, $-i \leftrightarrow -1$;

(2) $1 \leftrightarrow \infty$, $i \leftrightarrow -1$, $-1 \leftrightarrow 0$;

(3) $\infty \leftrightarrow 0$, $0 \leftrightarrow 1$, $1 \leftrightarrow \infty$.

7. 分别求将上半 z 平面共形映射成单位圆 $|w| < 1$ 的分式线性变换 $w = L(z)$, 使符合条件:

(1) $L(i) = 0, L'(i) > 0$;

(2) $L(i) = 0, \arg L'(i) = \dfrac{\pi}{2}$.

8. 分别求将 $|z| < 1$ 共形映射成单位圆 $|w| < 1$ 的分式线性变换 $w = L(z)$, 使符合条件:

(1) $L\left(\dfrac{1}{2}\right) = 0, L(1) = -1$;

(2) $L\left(\dfrac{1}{2}\right) = 0, \arg L'\left(\dfrac{1}{2}\right) = -\dfrac{\pi}{2}$.

9. 求出将圆 $|z - 4i| < 2$ 变成半平面 $v > u$ 的共形映射, 使得圆心变到 -4, 而圆周上的点 $2i$ 变到 $w = 0$. (这里 $w = u + iv$)

10. 求将圆 $|z| < \rho$ 共形映射成圆 $|w| < R$ 的分式线性变换, 使 $z = a(|a| < \rho)$ 变成 $w = 0$.

11. 求圆 $|z| < 2$ 到半平面 $\mathrm{Re}\, w > 0$ 的共形映射 $w = f(z)$, 使符合条件

$$f(0) = 1, \quad \arg f'(0) = \dfrac{\pi}{2}.$$

12. 求角域 $0 < \arg z < \dfrac{\pi}{4}$ 到单位圆 $|w| < 1$ 的一个共形映射.

13. 将扩充 z 平面割去 $1 + i$ 到 $2 + 2i$ 的线段后剩下的区域共形映射成上半平面.

14*. 如果单叶解析函数 $w = f(z)$ 把 z 平面上可求面积的区域 D 共形映射成 w 平面上的区域 G, 试证 G 的面积 $A = \iint_D |f'(z)|^2 \mathrm{d}x\mathrm{d}y$ ($z = x + iy$).

15*. 设函数 $w = f(z)$ 在 $|z| < 1$ 内单叶解析, 且将 $|z| < 1$ 共形映射成 $|w| < 1$, 试证 $w = f(z)$ 必是分式线性变换.

16*. 应用施瓦茨引理证明: 把 $|z| < 1$ 变成 $|w| < 1$, 且把 $a(|a| < 1)$ 变成 0 的共形映射一定可表示为 $w = e^{i\theta} \dfrac{z - a}{1 - \bar{a}z}$, 这里 θ 为实常数.

第 8 章　解析延拓

本章讨论如何扩大解析函数定义域的问题,主要介绍幂级数延拓和透弧解析延拓两种方法,同时还简要介绍完全解析函数和黎曼面等基本概念.

8.1　幂级数解析延拓

8.1.1　解析延拓的概念

定义 8.1.1　设函数 $f(z)$ 在区域 D 内解析,G 为包含 D 的更大区域,如果存在函数 $F(z)$ 在 G 内解析,并且在 D 内 $F(z)=f(z)$,则称函数 $f(z)$ 可以解析延拓到 G 内,并称 $F(z)$ 为 $f(z)$ 在区域 G 内的解析延拓.

从解析函数的唯一性定理知,如果 $f(z)$ 在区域 G 内的解析延拓存在,则必唯一.另外,定义中的"延拓"是指在不破坏函数的解析性的前提下进行的延拓.

8.1.2　幂级数解析延拓

我们知道,解析函数 $f(z)$ 在一点 z_0 解析的充要条件是它在 z_0 的某邻域内有幂级数展开式,因此,能不能扩大 $f(z)$ 的定义域这问题就可以转化为能不能从 $f(z)$ 在点 z_0 处的幂级数展开式的收敛圆出发进行解析延拓.

设解析函数 $f_1(z)=f(z)$ 在 z_1 处的幂级数展开式为

$$f_1(z) = \sum_{n=0}^{\infty} a_n (z-z_1)^n, a_n = \frac{f_1^{(n)}(z_1)}{n!}, \tag{8.1.1}$$

其收敛半径为 $R_1(>0)$.若 $R_1=+\infty$,则显然 $f_1(z)$ 不能进行解析延拓.故再设 $R_1<+\infty$,记其收敛圆为 $\Delta_1=\Delta(z_1,R_1)$.在 Δ_1 内任取一点异于 z_1 的点 z_2,由于 $f_1(z)$ 在 z_2 解析,故有幂级数展开式

$$\sum_{n=0}^{\infty} b_n (z-z_2)^n, b_n = \frac{f_1^{(n)}(z_2)}{n!}, \tag{8.1.2}$$

并设其收敛半径为 R_2,收敛圆为 $\Delta_2=\Delta(z_2,R_2)$,和函数为 $f_2(z)$.由于 $f_1(z)$ 在 $\Delta(z_1,R_1)$ 内解析,故幂级数理论告诉我们

$$R_2 \geqslant R_1 - |z_2-z_1| > 0.$$

当 $z\in\Delta_1\bigcap\Delta_2(\neq\varnothing)$ 时,泰勒定理告诉我们,式(8.1.1)和式(8.1.2)中的幂级数的值都是 $f_1(z)$,而 $f_2(z)$ 为式(8.1.2)中的幂级数的和函数,于是,

$$f_1(z) = f_2(z), z\in\Delta_1\bigcap\Delta_2. \tag{8.1.3}$$

下面,我们分两种情况讨论.

情况 1:当 $R_2 > R_1 - |z_2 - z_1|$ 时,即圆盘 Δ_2 有部分超出 Δ_1. 此时,定义

$$F(z) = \begin{cases} f_1(z), & z \in \Delta_1 \backslash \Delta_2, \\ f_2(z), & z \in \Delta_2 \backslash \Delta_1, \\ f_1(z) = f_2(z), & z \in \Delta_1 \bigcap \Delta_2, \end{cases}$$

则 $F(z)$ 在 $\Delta_1 \bigcup \Delta_2$ 内的每一点解析,从而 $F(z)$ 在 $\Delta_1 \bigcup \Delta_2$ 内解析,并且在区域 Δ_1 内成立 $F(z) = f_1(z)$. 因此,$F(z)$ 为 $f_1(z)$ 在区域 $\Delta_1 \bigcup \Delta_2$ 内的解析延拓. 在这种情况下,我们说解析函数 $f_1(z)$ 可以沿 $z_1 z_2$ 的方向解析延拓到 $\Delta(z_1, R_1)$ 外(见图 8-1).

情况 2:当 $R_2 = R_1 - |z_2 - z_1|$ 时,即 $\Delta_2 \subset \Delta_1$. 这时,我们说 $f_1(z)$ 不能沿 $z_1 z_2$ 的方向解析延拓到 $\Delta(z_1, R_1)$ 外. 此外,还能推出圆周 $\partial \Delta_2$ 与圆周 $\partial \Delta_1$ 有切点,记为 ξ,它是 $f_1(z)$ 的一个奇点(见图 8-2). 事实上,由于 $f_2(z)$ 的收敛圆周除点 ξ 外全部位于 Δ_1 内,因此从式(8.1.3)知,$f_2(z)$ 在收敛圆周上除点 ξ 外处处解析,但幂级数的和函数在收敛圆周上必有奇点这个事实告诉我们,点 ξ 必是 $f_2(z)$ 的一个奇点,从而它也是 $f_1(z)$ 的一个奇点.

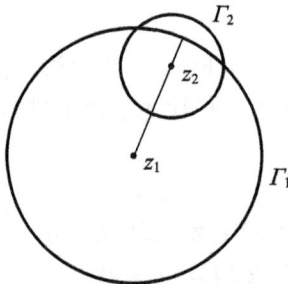 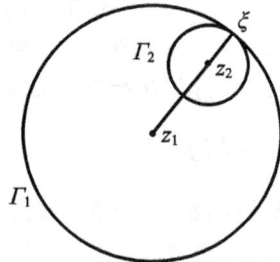

图 8-1　　　　　　　　　　　图 8-2

综合上述两种情况,可知解析函数 $f_1(z)$ 能不能沿 $z_1 z_2$ 的方向解析延拓到 $\Delta(z_1, R_1)$ 外这个问题取决于沿 $z_1 z_2$ 的方向有没有碰到 $f_1(z)$ 的奇点. 换句话说,若 $f_1(z)$ 在点 z_1 的幂级数的收敛圆周上有解析点 η,那么幂级数(8.1.1)就可以沿 $z_1 \eta$ 的方向解析延拓到 $\Delta(z_1, R_1)$ 外. 我们称这种解析延拓方法为幂级数延拓法.

如果区域 D 内解析的函数 $f(z)$ 不能解析延拓到区域 D 外,那么 D 的边界 ∂D 上每一点都是 $f(z)$ 的奇点. 这时,我们称 ∂D 为 $f(z)$ 的**自然边界**.

例 8.1.1　证明 $|z| = 1$ 是函数 $f(z) = \sum_{n=0}^{\infty} z^{2^n}$ 的自然边界.

证明:先证 $f(z)$ 在 $|z| < 1$ 内解析,这可由 $\sum_{n=0}^{\infty} z^{2^n}$ 的收敛半径 $R = 1$ 看出. 再证 $z = 1$ 是 $f(z)$ 的一个奇点. 当 z 在 $|z| < 1$ 内沿实轴趋于 1 时(记 $z = x$),由

$$f(x) = x^2 + x^4 + \cdots + x^{2^n} + \cdots > x^2 + x^4 + \cdots + x^{2^n}$$

知

$$\lim_{x \to 1} f(x) \geqslant \lim_{x \to 1} (x^2 + x^4 + \cdots + x^{2^n}) = n.$$

故由 n 的任意性得
$$\lim_{x\to 1}f(x)=\infty,$$
这就说明 $z=1$ 是 $f(z)$ 的一个奇点.

最后,我们证明 $f(z)$ 的奇点在 $|z|=1$ 上稠密,从而 $f(z)$ 在 $|z|=1$ 上处处不解析.事实上,由于 $f(z)$ 在 $|z|<1$ 内绝对收敛,所以
$$f(z)=z^2+z^4+\cdots+z^{2^n}+(z^{2^{n+1}}+z^{2^{n+2}}+\cdots)=z^2+z^4+\cdots+z^{2^n}+f(z^{2^n}),$$
故能使 $z^{2^n}=1$ 的点 z 都是 $f(z)$ 的奇点.从而,单位圆周 $|z|=1$ 上的点
$$z_k=\mathrm{e}^{\frac{2k\pi i}{2^n}}\quad(k=0,1,\cdots,2^n-1,\quad n=1,2,\cdots)$$
都是 $f(z)$ 的奇点,它们在 $|z|=1$ 稠密.证毕.

例 8.1.2　在 $|z|<1$ 内解析的函数 $\sum\limits_{n=0}^{\infty}z^n$ 除实轴正方向外,可以沿其半径的任一方向进行解析延拓.因为 $\sum\limits_{n=0}^{\infty}z^n$ 在 $|z|<1$ 内的和函数为 $\dfrac{1}{1-z}$,它在 $|z|=1$ 上除 $z=1$ 外处处解析.

8.2　透弧解析延拓

幂级数解析延拓法是从一个区域出发进行解析延拓,从而扩大解析函数的定义域.本节将从"把两个区域黏合起来形成更大的区域"这个角度来进行解析延拓.

定理 8.2.1(潘勒韦连续延拓原理)　设 $f_1(z)$ 在区域 D_1 内解析,$f_2(z)$ 在区域 D_2 内解析,且满足下列条件:

(1) 区域 D_1 和 D_2 不相交,但有一段公共边界,除掉边界的端点后的开弧记为 Γ;

(2) $f_1(z)$ 在 $D_1+\Gamma$ 上连续,$f_2(z)$ 在 $D_2+\Gamma$ 上连续;

(3) 沿 Γ,$f_1(z)=f_2(z)$,

则函数
$$F(z)=\begin{cases}f_1(z), & z\in D_1,\\ f_1(z)=f_2(z), & z\in\Gamma,\\ f_2(z), & z\in D_2\end{cases}$$
在 $D_1+\Gamma+D_2$ 内解析.

证明:显然 $F(z)$ 在 $G=D_1+\Gamma+D_2$ 内连续.下面,我们只要再证 $F(z)$ 沿 G 内的任一围线 C 的积分均等于零,那么摩勒拉定理告诉我们,$F(z)$ 就在 G 内解析.设 C 为 G 内的任一围线,如果 C 全部位于 $D_1+\Gamma$ 或 $D_2+\Gamma$ 上,则由柯西积分定理知 $\int_C F(z)\mathrm{d}z=0$.如果不是这样,那么 C 必有部分分别属于 D_1 和 D_2,记 C 落在 D_1 的部分为 C_1,落在 D_2 的部分为 C_2,Γ 落在 C 内部的一段记成 γ(见图 8-3).根据柯西积分定理,

$$\int_{C_1+\gamma} F(z)\mathrm{d}z = 0, \int_{C_2+\gamma^-} F(z)\mathrm{d}z = 0.$$

从而,

$$\int_C F(z)\mathrm{d}z = \int_{C_1+\gamma} F(z)\mathrm{d}z + \int_{C_2+\gamma^-} F(z)\mathrm{d}z = 0.$$

于是,定理得证.

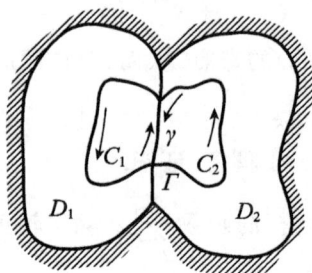

图 8-3

定理 8.2.1 这样的解析延拓方法,就是一种**透弧解析延拓法**.

下面,我们介绍另一种更为常用的透弧解析延拓法,即施瓦茨对称原理.

定理 8.2.2(施瓦茨对称原理) 设

(1) D 是关于实轴对称的区域,记

$$D^+=D\bigcap\{z:\mathrm{Im}z>0\}, D^-=D\bigcap\{z:\mathrm{Im}z<0\}, D^0=D\bigcap\{z:\mathrm{Im}z=0\};$$

(8.2.1)

(2) $f(z)$ 在 D^+ 内解析,在 D^++D^0 上连续,且在 D^0 上取实数值,

则存在一个函数 $F(z)$ 满足下列条件:

① $F(z)$ 在区域 $D=D^++D^0+D^-$ 内解析,

② 在 D^+ 内,$F(z)=f(z)$,

③ 在 D^- 内,$F(z)=\overline{f(\bar{z})}$.

证明: 欲用潘勒韦连续延拓定理来证明,取 $f_1(z)=f(z)$,$f_2(z)=\overline{f(\bar{z})}$,则

(1) 显然 $f_1(z)$ 在区域 D^+ 内解析,而 $f_2(z)$ 在区域 D^- 内解析. 理由是:设 z,z_0 属于 D^-,则由区域的对称性知,$\bar{z},\bar{z_0}$ 属于 D^+,且

$$\lim_{z\to z_0}\frac{f_2(z)-f_2(z_0)}{z-z_0}=\lim_{z\to z_0}\overline{\frac{f(\bar{z})-\overline{f(\bar{z_0})}}{z-z_0}}=\overline{\lim_{\bar{z}\to\bar{z_0}}\frac{f(\bar{z})-f(\bar{z_0})}{\bar{z}-\bar{z_0}}}=\overline{f'(\bar{z_0})}.$$

(2) 显然 $f_1(z)$ 在 D^++D^0 上连续,而 $f_2(z)$ 在 D^-+D^0 上连续. 理由是:设 x_0 为 D^0 上任一点,$z\in D^-+D^0$,当 $z\to x_0$ 时,由于 $z\to x_0$ 等价于 $\bar{z}\to x_0$,故

$$\lim_{z\to x_0}f_2(z)=\lim_{z\to x_0}\overline{f(\bar{z})}=\lim_{z\to x_0}\overline{f(\bar{z})}=\overline{\lim_{\bar{z}\to x_0}f(\bar{z})}=\overline{f(x_0)}=\overline{f(\bar{x_0})}.$$

(3) 当 $z\in D^0$ 时,由于 $f(z)$ 在 D^0 上取实数值,故

$$f_2(z)=\overline{f(\bar{z})}=f(z)=f_1(z).$$

因此,由潘勒韦连续延拓定理知,函数

$$F(z)=\begin{cases} f_1(z), & z\in D^++D^0, \\ \overline{f(\bar z)}, & z\in D^- \end{cases}$$

为所求的一个函数. 于是,定理得证.

由此可见,对称原理能使解析函数的定义域扩大一倍. 在对称原理的基础上引入共形映射,则有下面结果.

定理 8.2.3 设

(1) z 平面的区域 D 关于实轴对称,D^+,D^-,D^0 如式(8.2.1)所定义;

(2) w 平面的区域 G 关于实轴对称,G^+,G^-,G^0 类似式(8.2.1)所定义;

(3) $w=f(z)$ 在 D^+ 内单叶解析,在 D^++D^0 上连续,且将 D^+ 共形映射成 G^+,将 D^0 ——变换成 $G^0=f(D^0)$,则存在一个函数 $w=F(z)$ 满足下列条件:

① $w=F(z)$ 在 D 内单叶解析,并将区域 D 共形映射成 G,

② 在 D^+ 内,$F(z)=f(z)$,

③ 在 D^- 内,$F(z)=\overline{f(\bar z)}$.

证明:比较定理 8.2.2 与定理 8.2.3 的条件和结论,我们只需再证 $F(z)$ 在 D 内单叶以及 $G=F(D)$ 即可. 由于 $F(z)$ 已经在 D^++D^0 上单叶,且 $G^++G^0=F(D^++D^0)$,故只需再说明 $F(z)$ 在 D^- 内单叶以及 $G^-=F(D^-)$ 即可,但这可以从区域的对称性及 $F(z)=\overline{f(\bar z)}(z\in D^-)$ 看出. 定理得证.

上述对称原理中的区域都是关于实轴对称,下面我们不加证明地给出区域关于圆弧或直线段对称的对称原理.

定理 8.2.4(对称原理的一般形式) 设(见图 8-4)

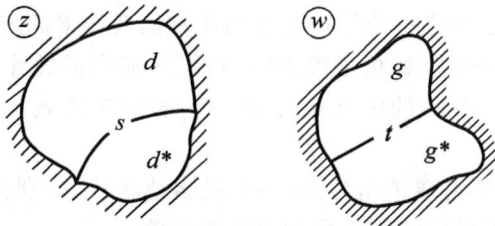

图 8-4

(1) d 与 d^* 是 z 平面上关于圆弧或直线段 s 对称的两个区域,它们分别位于 s 的两侧,且它们的边界都包含 s;

(2) g 与 g^* 是 w 平面上关于圆弧或直线段 t 对称的两个区域,它们分别位于 t 的两侧,且它们的边界都包含 t;

(3) $w=f_1(z)$ 在 d 内单叶解析,在 $d+s$ 上连续,且将 d 共形映射成 g,将 s ——变换成 $t=f(s)$,则存在一个函数 $w=F(z)$ 满足下列条件:

① $w=F(z)$ 在 $d+s+d^*$ 内单叶解析,并将 $d+s+d^*$ 共形映射成 $g+t+g^*$,

② 在 d 内,$F(z)=f_1(z)$,

③ 在 d^* 内,$F(z)=f_2(z)$.

8.3 完全解析函数及黎曼面的概念

随着复变函数论的发展,解析延拓有了更一般的概念.为此,我们先给出解析函数元素的概念.

定义 8.3.1 设 D 为区域,$f(z)$ 是 D 内的单值解析函数,这种区域和函数的组合称为**一个解析函数元素**,简称**函数元素**,记成 $\{D,f(z)\}$.

定义 8.3.2 设有两个函数元素 $\{D_1,f_1(z)\}$ 与 $\{D_2,f_2(z)\}$,若 $D=D_1\bigcap D_2\neq\varnothing$ 为一区域,并且 $f_1(z)=f_2(z)(z\in D)$,那么我们说 $\{D_1,f_1(z)\}$ 与 $\{D_2,f_2(z)\}$ **互为直接解析延拓**.

例如,在幂级数解析延拓过程中,相连两次的解析延拓得到的两个函数元素就是互为直接解析延拓.此外,如果 $\{D_2,f_2(z)\}$ 是 $\{D_1,f_1(z)\}$ 的直接解析延拓,则由解析函数的唯一性定理知,$f_2(z)$ 由 $f_1(z)$ 完全确定.

定义 8.3.3 设 $\{D_1,f_1(z)\},\{D_2,f_2(z)\},\cdots,\{D_n,f_n(z)\}$ 是一串解析函数元素,如果每一个解析函数元素都是前一个解析函数元素的直接解析延拓,则称这些解析函数元素组成一个**函数元素链**,并且说 $\{D_1,f_1(z)\}$ 与 $\{D_n,f_n(z)\}$ **互为(间接)解析延拓**.

显然,解析函数元素链上的任意两个函数元素是互为解析延拓的.

若我们称两个函数元素有关系当且仅当它们互为解析延拓(即可以用函数元素链连接它们两者),则容易验证这种关系是一个等价关系.利用这个等价关系,我们就可以分出等价类,我们称这个等价类为一个**完全解析函数**,并用一个函数符号 $F(z)$ 来表示,其定义域就是这个等价类中的所有函数元素的定义域之并.

定义 8.3.4 一个完全解析函数 $F(z)$ 是指从某个函数元素 $\{D,f(z)\}$ 出发所得到的全体解析延拓.$F(z)$ 的定义域 G 称为它的存在区域,G 的边界称为它的自然边界.

完全解析函数可能是单值函数,也可能是多值函数,分别称为单值解析函数和多值解析函数.一般将单值解析函数称为解析函数.

由等价类的定义知,每一个解析函数元素必属于且只属于某一个完全解析函数.此外,如果 $f(z)$ 在区域 D 内解析且 ∂D 是自然边界,则 $\{D,f(z)\}$ 已经是一个完全解析函数.例如 $\{\mathbb{C},e^z\},\{\mathbb{C},\sin z\}$ 都是完全解析函数,$f(z)=\sum\limits_{n=0}^{\infty}z^{2^n}$ 是单位圆内的完全解析函数.

给定一个完全解析函数 $F(z)$,设 $\{D_{t_1},f_{t_1}(z)\},\{D_{t_2},f_{t_2}(z)\}$ 是确定它的任意两个函数元素,其中 $D_{t_1}\bigcap D_{t_2}\neq\varnothing$.如果 $f_{t_1}(z)=f_{t_2}(z)(z\in D_{t_1}\bigcap D_{t_2})$,那么我们就将 D_{t_1} 与 D_{t_2} 的公共区域黏合起来,得到一个区域 $D_{t_1}\bigcup D_{t_2}$,$F(z)$ 在这个区域上有定义;否则,我们就将 D_{t_1} 及 D_{t_2} 放在不同平面上,即 $D_{t_1}\bigcap D_{t_2}$ 在 D_{t_1} 及 D_{t_2} 内不同的区域.按这种方式联合好 $F(z)$ 的所有函数元素的定义域后,如果 $F(z)$ 在 z 平面

上是一个单值函数,则联合所有函数元素的定义域后仍得到一个区域;如果 $F(z)$ 在 z 平面上是一个多值函数,则我们就得到一个推广的区域,称为 $F(z)$ 的**黎曼面**,此时 $F(z)$ 是黎曼面上的单值函数.

黎曼面是一个理想化的且比较抽象的模型,为此,我们下面以多值函数 $w=\mathrm{Ln}\,z$ 和 $w=\sqrt[n]{z}$ 为例来进行说明.

例 8.3.1　试作出多值函数 $w=\mathrm{Ln}\,z$ 的黎曼面.

解:因为 $w=\mathrm{Ln}\,z$ 在 z 平面上的支点为 $0,\infty$,所以变点 $z(\neq0)$ 绕支点一周,函数会发生改变.我们依次取 $w=\mathrm{Ln}\,z$ 在下半平面、右半平面、上半平面和左半平面的单值解析分支如下:

$$f_n(z)=\ln|z|+\mathrm{iarg}\,z,z\in D_n=\left\{z:-\pi+n\cdot\frac{\pi}{2}<\arg z<n\cdot\frac{\pi}{2}\right\},n\in\mathbb{Z},$$

则 D_n 与 D_{n+4k} 在 z 平面上表示同一区域,但同一点的辐角不一样.显然,

$$f_n(z)=f_{n+1}(z),z\in D_n\bigcap D_{n+1},n\in\mathbb{Z},$$

现将各函数元素 $\{D_n,f_n(z)\}$ 排列如下:

$$\cdots,\{D_{-m},f_{-m}(z)\},\cdots,\{D_{-1},f_{-1}(z)\},\{D_0,f_0(z)\},\cdots,\{D_n,f_n(z)\},\cdots.$$

$$(8.3.1)$$

于是,式(8.3.1)中的每个函数元素都是前一个函数元素的直接解析延拓;任意两个函数元素之间的所有函数元素构成一个函数元素链,因此式(8.3.1)中所有函数元素确定了一个完全解析函数,即对数函数 $w=\mathrm{Ln}\,z$,它是一个多值解析函数.

将 $\{D_n\}$ 按前面的黏合方式联合起来,即将 D_n 与 D_{n+1} 的公共区域黏合起来 $(n\in\mathbb{Z})$,最后就得到一个有无穷多叶的面(见图 8-5),称之为 $w=\mathrm{Ln}\,z$ 的黎曼面,此时 $w=\mathrm{Ln}\,z$ 在 z 平面上的支点 $0,\infty$ 已经不在黎曼面上.

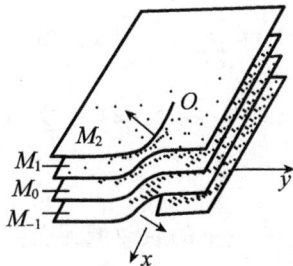

图 8-5

例 8.3.2　试作出多值函数 $w=\sqrt[n]{z}$ 的黎曼面.

解:与前例类似,考虑单值解析函数

$$g_k(z)=\sqrt[n]{|z|}\,\mathrm{e}^{\mathrm{i}\frac{\arg z}{n}},z\in D_k=\left\{z:-\pi+k\cdot\frac{\pi}{2}<\arg z<k\cdot\frac{\pi}{2}\right\},k\in\mathbb{Z}.$$

由于 $D_0=D_{4n}$,并且在 $D_0=D_{4n}$ 上成立 $g_0(z)=g_{4n}(z)$,所以我们只有 $4n$ 个不同的函数元素

$$\{D_0,g_0(z)\},\{D_1,g_1(z)\},\cdots,\{D_{4n-1},g_{4n-1}(z)\}.\qquad(8.3.2)$$

又因为在 $D_k \bigcap D_{k+1}$ 内

$$g_k(z) = g_{k+1}(z) \quad (k=0,1,2,\cdots,4n-2),$$

在 $D_0 \bigcap D_{4n-1}$ 内有

$$g_0(z) = g_{4n-1}(z),$$

于是,式(8.3.2)中的每个函数元素都是前一个函数元素的直接解析延拓,从而式(8.3.2)中所有函数元素确定了一个完全解析函数,即根式函数 $w=\sqrt[n]{z}$,它是一个多值解析函数.

将 D_k 与 D_{k+1} 的公共区域黏合起来($k=0,1,2,\cdots,4n-2$),并且将 D_{4n-1} 与 D_0 的公共区域黏合起来,这样我们就得到一个 n 叶的面(见图 8-6),称之为 $w=\sqrt[n]{z}$ 的黎曼面,此时 $w=\sqrt[n]{z}$ 在 z 平面上的支点 $0,\infty$ 已经不在黎曼面上.

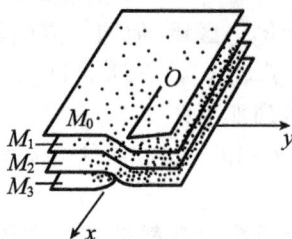

图 8-6

习 题 八

1. 证明:函数 z^{-2} 是函数 $f(z) = \sum\limits_{n=0}^{\infty} (n+1)(z+1)^n$ 由区域 $|z+1|<1$ 的解析延拓.

2. 证明:函数 $\dfrac{1}{1+z^2}$ 是函数 $f(z) = \sum\limits_{n=0}^{\infty} (-1)^n z^{2n}$ 由单位圆 $|z|<1$ 的解析延拓.

3. 试证:级数 $f_1(z) = \sum\limits_{n=0}^{\infty} (-1)^n \mathrm{i}^n z^n$ 与 $f_2(z) = \sum\limits_{n=0}^{\infty} (-1)^n \dfrac{(1+\mathrm{i})^n z^n}{(1-z)^n}$ 互为直接解析延拓.

4. 级数 $-\dfrac{1}{z} - \sum\limits_{n=0}^{\infty} z^n$ 与级数 $\sum\limits_{n=1}^{\infty} \dfrac{1}{z^{n+1}}$ 的收敛域无公共部分,试证:它们互为间接解析延拓.

5. 试证:级数 $\sum\limits_{n=0}^{\infty} \left(\dfrac{1+z}{1-z}\right)^n$ 所定义的函数在左半平面内解析,并可解析延拓到 $\mathbb{C}\backslash\{0\}$.

6. 假设函数 $f(z)$ 在原点邻域内是解析的,且满足方程

$$f(2z) = 2f(z) \cdot f'(z).$$

试证:$f(z)$ 可以解析延拓到整个复平面.

7. 试作出函数 $\sqrt{z(z-1)}$ 的黎曼面.

参考文献

[1] 钟玉泉. 复变函数论[M]. 4 版. 北京:高等教育出版社,2013.

[2] 廖良文. 复分析基础[M]. 北京:科学出版社,2014.

[3] 扈培础. 复变函数教程[M]. 北京:科学出版社,2008.

[4] 余家荣. 复变函数[M]. 3 版. 北京:高等教育出版社,2005.

[5] 郑建华. 复变函数[M]. 北京:清华大学出版社,2005.

[6] AHLFORS L V. Complex Analysis[M]. New York:McGraw-Hill Book Co.,
    1966.

[7] CONWAY T W. Functions of One Complex Variable[M]. New York:
    Springer-Verlag,1978.